# 了不起的软装

帕瓦力　严小药　著

江苏凤凰科学技术出版社 · 南京

图书在版编目（CIP）数据

了不起的软装 / 帕瓦力，严小药著. -- 南京 ：江苏凤凰科学技术出版社，2024.2
ISBN 978-7-5713-3910-4

Ⅰ. ①了… Ⅱ. ①帕… ②严… Ⅲ. ①室内装饰设计 Ⅳ. ①TU238.2

中国国家版本馆CIP数据核字(2024)第000585号

了不起的软装

著　　者　帕瓦力　严小药
项目策划　庞　冬　代文超
责任编辑　赵　研　刘屹立
特约编辑　代文超

出版发行　江苏凤凰科学技术出版社
出版社地址　南京市湖南路1号A楼，邮编：210009
出版社网址　http：//www.pspress.cn
总　经　销　天津凤凰空间文化传媒有限公司
总经销网址　http：//www.ifengspace.cn
印　　刷　雅迪云印（天津）科技有限公司

开　　本　710 mm×1 000 mm　1 / 16
印　　张　11
字　　数　140 000
版　　次　2024年2月第1版
印　　次　2024年2月第1次印刷

标准书号　ISBN　978-7-5713-3910-4
定　　价　68.00元

# 前言 1

## 写给装修小白的软装入门书

当凤凰空间的编辑找到我，希望我写一本关于软装设计的图书时，我是很开心的。一方面，觉得自己做设计工作这么多年，也算是积累了不少的经验，希望能通过一本书给自己做一个阶段性的总结；另一方面，我在日常工作中发现有相当多的人在软装搭配方面存在不少困惑，会遇到很多棘手的问题，比如不知道如何搭配色彩，不了解如何挑选家具、软装单品等。如果有一本书，能够给大家带来软装设计上的灵感和新思路，并能为大家在软装过程中可能会遇到的问题提供切实可行的解决方法，那么编写这本书就一定是一件非常有意义的事。因此，对写这本书，我充满了期待。

本书的定位是写给装修小白的软装入门书。作为室内设计师，我的设计语言和思路都是相对专业的，这也容易导致我写出来的内容，可能更适合专业人士阅读。于是，我找到了我的好朋友——业内非常优秀的家居编辑严小药，请她来跟我共同完成这本书。我具备专业的软装设计知识和设计师视角，她拥有专业的写作能力和读者视角，我们两个优势互补，可以把专业的软装知识用浅显易懂的文字表达出来，让读者不仅能轻松看懂，还能有所收获。写作的过程中，每每我们俩不同的观点碰撞在一起时，我都忍不住感慨，原来思想火花真的需要碰撞。

本书中的图片除了来自我个人的设计作品，还有部分来自同行的优秀作品，在此特别感谢他们对本书的支持。希望这本饱含我多年工作经验的软装设计小书，能够帮助大家打造出真正适合自己的安居之所。

帕瓦力

2024 年 1 月

# 前言 2

## 你的模样，决定家的模样

2022 年秋天，我还在休产假时，帕瓦力给我打来电话，邀请我与她合作写一本软装设计的图书。虽然之前没有跟其他人合作写书的经验，但我还是一口答应了。撇开我跟帕瓦力多年的私交不说，主要是基于两点考虑：一是产假期间时间比较充裕，二是我还有一个小小的私心——想通过写作来重新系统地学习一遍软装知识。很多关于学习理论的书里都有这样一个观点：如果你想掌握一门知识，最好的办法是去教一遍别人这个知识。帕瓦力在我心目中是国内数一数二的住宅软装设计高手，和她合写软装书，对我来说几乎等于“偷师”一遍她的软装经验，简直是天大的好运。

合作写书的过程比我想象中要顺利得多。因为白天帕瓦力通常要忙工作，而我也有育儿的重任，所以我们都是在晚上孩子入睡后才开始视频交流的。开始我们的沟通还有些混乱，没有方向感，但很快我们就找到了合适的方式：她从专业角度告诉我在这一部分想表达什么内容，我再从读者的角度告诉她这一部分我更想知道什么，然后我们再一起确定成稿要写哪些内容，接着详细讨论每一个小知识点之下要呈现的内容，最后由我来负责文字部分的写作，她来完成配图工作。这本书中没有偏教条的知识，都是实操性很强的软装干货和经验总结。

当然，写作过程中我们也遇到了不少困难。比如沟通时宝宝突然醒了，只能被迫中断，再比如因为职业的关系（帕瓦力是设计师，我是家居编辑），我们俩都有一些“强迫症”，对图片质量要求很高，有时候为了找到一张合适的图片，我们甚至会讨论一两个小时。但总体来说，我们俩都很享受这个过程，尤其是当我们不同的想法碰撞出大家都觉得“天哪，太棒了”的内容时，隔着屏幕我们俩都能看到对方因为兴奋而闪闪发亮的眼神。

回顾整个写作过程，我觉得自己是获益更多的那一个。首先，在这个过程中我系统地学习了软装搭配知识；其次，我跟帕瓦力虽然有多年的交情，但从来没有共事过，这次合作也让我们更加了解彼此，其间无数次的不谋而合让我们不由地发出“难怪我们能成为好朋友”的感慨。写完这本书，我们很难不更爱彼此。最重要的是写作也让我更加了解自己。

本书中有一个核心观点——居如其人。你是怎样的人，就会住在什么样的家里。作为一名工作多年的家居编辑，我看过无数套家居案例。如果你问我喜欢什么风格，或者是我会把自己家装修成什么样子，以前我可能回答不上来，但现在我非常确定自己想要什么样的家。这也是本书的魅力所在，希望看完本书的你也能跟我一样，更加明确自己想要一个什么样的家。

最后，感谢我先生对我写作的支持，谢谢他在工作之余主动承担更多的育儿工作，也谢谢他总是告诉我：写作是一件了不起的事。

严小药

2024 年 1 月

# 目录

# 第 1 章 什么是软装



什么是软装？不同设计教科书上对此的解释大同小异，但这并不是我在本书中想要和大家分享的内容。作为一名科班出身、从业十余年、设计过 200 多个家的室内设计师，我愈发觉得软装内涵的丰富性远超当年我们在课本上学到的那几行文字的定义和搭配准则。这也是我写本书的初衷：摒弃教条，教大家去打造真正属于自己的、活色生香的私宅。

注：本书中的“我”均指帕瓦力。

## 第1节　软装是一种空间感受

翻开这本书的时候，相信你在脑海中对软装已经形成了一定的画面：墙漆的颜色、地毯的花色、沙发的款式、窗帘的纹理、装饰画的内容……没错，这些都属于软装。在一个空间里，你的眼睛能看到的物品几乎都可以称之为软装元素。

沙发、茶几、单椅、电视机、吊灯……这些都是软装元素

空间里的色彩是软装的重要组成部分

地毯、盖毯、抱枕、窗帘、装饰画也是软装元素

但软装不仅仅是“视觉的艺术”，想象一下，当你坐在客厅里，鼻子闻到香薰蜡烛散发出的铃兰香气，赤脚踩在触感柔软的羊毛地毯上，耳朵捕捉到窗外的树枝在微风中婆娑起舞的沙沙声……这些也属于软装，视觉、触觉、听觉、嗅觉共同构筑出你对家独一无二的感受。

因此，关于什么是软装，如果一定要让我去下定义，那么我会说：它是你在空间里独一无二的、专属于自己的空间感受。

窗景也可以成为一种软装

羊毛地毯给人的触感是一种软装感受

香薰的味道是软装的一部分

## 第 2 节　软装为何如此重要

关于软装，我曾有一个不太恰当的比喻：如果把家比作一个木盒子，那么把它倒过来，所有能掉下来的东西都属于软装，比如家具、布艺、摆件、绿植等。虽然这个比喻不够准确，但我想表达的是：软装是家里所有能够“流动”的东西。流动性是软装的魅力所在，也是其重要性所在。

当我们拥有一个房子，我们虽然改变不了这个“木盒子”的形状（开发商、建筑师和户型规划师已经帮你设计好了），但幸运的是，“木盒子”的内部形状，我们可以请室内设计师来重新规划，以便让空间变得更加便捷实用。一旦装修完成，你家里有几个房间、几面墙、几扇窗户……这些统统又变成了少则几年，多则几十年都不可以改变的事实。

那么，我们对自己的房子还享有哪些主动权呢？毫无疑问，是可以“流动”的软装。它的“流动性”让我们可以轻松给自己的家带来一些变化。

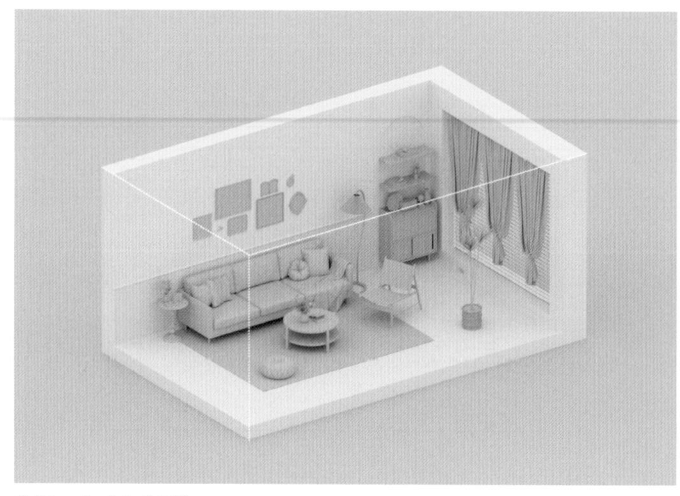

家是一个“木盒子”

我们拥有多大的客厅，装修结束后已成定局，但能通过改变客厅的家具、配饰、墙体的颜色等，让客厅焕然一新。有时候你只是调整了沙发位置，就会觉得：嗯，客厅好像不一样了。

更重要的是，这种“流动性”永远是随你而流动的。十年前，你可能很喜欢法式风格，你的家洋溢着浪漫的法式气息；十年之后，随着你阅历的增加和喜好的改变，你家可能出现了很多中式的元素。我们对软装拥有一定的主动权，因此可以根据自己的喜好去装点家，无论十年前还是十年后，我们都可以和自己喜欢的物品待在一起。

大部分人终其一生只能拥有一套房子，它的外观、布局可能和邻居家没有太大差别，能区别你家和邻居家的正是软装，比如你精挑细选的墙纸、旅行时买的小摆件、对你有重要意义的老家具等。这也是为什么我总是鼓励业主在软装阶段尽可能多地参与进来，由真正居住在空间里的人来决定空间的软装。

时尚界有句俗语，“You are what you wear（衣如其人）”。其实家居空间也是一样的，理想的居住状态是“家如其人”，而这里的家，我认为更多是指软装搭配。正是软装搭配让城市里那一间间看似千篇一律的房子，变成了专属于某个人的独一无二的家。

这是一位阿姨的家，深木色边柜是从小就陪伴她的老物件，翻新后被搬到了新家，给家增添了传承的仪式感

业主姚姚酷爱中古家具，家里大部
分家具都是中古款

第 2 章

# 找到属于你的色彩



色彩决定了我们对空间的第一印象，对空间的重要性不言而喻。当设计师制订软装方案时，他会根据业主的喜好来定制专属的色彩方案。那么，如何自己确定适合自家的色彩方向呢？本章就来和大家分享一些实用的家居配色小技巧，希望每个人都能找到自己的专属色。

## 第 1 节 如何找到属于你的色彩

喜欢现代风就用极简的黑白灰？喜欢日式风就用原木色？喜欢侘寂风就用大地色？……如果家的色彩真的这样来确定，那么未免太过简单粗暴了。家居空间是丰富且复杂的，色彩亦如是。相较于简单地通过居室风格来确定家的色彩，我更鼓励大家找到属于自己的色彩。

那么如何找到自己的专属色彩呢？下面给大家分享几个简单易上手的方法。

业主 Land 经营的民宿，全屋使用了大面积的蓝色、绿色和紫色，通过巧妙的色彩搭配，营造出一种轻复古的浪漫氛围

## 1 从别人家的照片中获取灵感

装修前多看看别人家的照片，也就是我们常说的实景图。可以是你喜欢的某位家居博主的家，或者是你欣赏的某个设计师为客户设计的家，国内外的均可以。看到喜欢的图片就及时保存下来，很快你就会拥有一个装满意向照片的文件夹。把这些不同家的照片摆在一起，观察、总结它们的色彩，你就能得到一个比较统一的方向——这就是适合你家的色彩方向。

这是我家，色调上整体是清水混凝土的灰色搭配中古风格的木色

业主小卢家，他家的色彩方向和我家非常一致，都是灰色搭配木色

## 2 从你的衣橱中获取灵感

衣如其人。一个人的穿衣风格很大程度上体现了他的个人喜好和内在性格，包括色彩喜好。很多人家里的色彩和衣橱里的色彩几乎如出一辙，比如平时喜欢穿黑白灰色系衣服的男生，他的家很有可能是以黑白灰为主基调的现代风；而一个衣橱里挂满“小清新”色系衣服的女生，她的家很可能是清新的北欧风。因此，当你不确定自己的新家应该刷什么颜色的墙漆时，不妨打开你的衣橱找找灵感。

业主 Faye 的家和她的衣橱，我为她家的软装选择了黄色和棕色，同时点缀一点蓝色作为跳色。对比她的衣橱，可以看出她家的配色和她衣服的颜色如出一辙，这就是属于她自己的色彩

这是我家和我的日常穿搭，配色出奇地一致

可能有人会有疑问，如果我平时穿衣服并不那么讲究，也没什么风格，那怎么办呢？别急，你也可以从他人的穿搭中来获取色彩灵感，这里的“他人”特别指时尚博主。时尚博主比较擅长穿搭，尤其擅长色彩搭配，从他们的穿搭上，我常常能找到配色灵感。

右页上图是我的好朋友罗秀达和她的室内设计作品，她是一名优秀的室内设计师。无论是她的日常穿搭还是室内设计作品，都是非常有层次感和品质感的暗黑色系。

罗秀达设计作品《未间》，一个非常有品质和层次感的暗黑色系的家

我的好朋友，室内设计师罗秀达

## 3 从经典电影中获取灵感

每一部电影都有自己的色彩语言，能给观众带来直观的视觉感受。找到你喜欢的电影里深深打动你的某一个或几组画面，提取其中的色彩方案，这是获取色彩灵感的另一个方向。韦斯 · 安德森是美国家喻户晓的电影导演，其代表作《布达佩斯大饭店》的独特的色彩美学令人印象深刻，在配色上也有极强的借鉴性。

电影《布达佩斯大饭店》中的经典场景，以粉色作为主色调，以蓝色作为跳色，构筑了两个年轻人的整个世界。如果你喜欢这部电影的画面，不妨尝试将类似的配色用在家里

电影《爱玛》的“马卡龙”配色也很高级，浅绿色搭配白色，并用粉色作为过渡，整个色系清新又浪漫，这样的配色用在家里也很合适

## 4 从名画中获取灵感

同经典电影画面一样，名画在配色上也有一定的借鉴性。看经典绘画作品不仅能够提升个人审美，还能通过其配色方案找到自家的配色灵感。从经典电影或者画作中获取的配色灵感还有一个优点——不容易“翻车”，毕竟这是大师用的配色。比如下左图美国画家爱德华·霍普的名作《酒店房间》，画面运用的是对比色搭配方法。

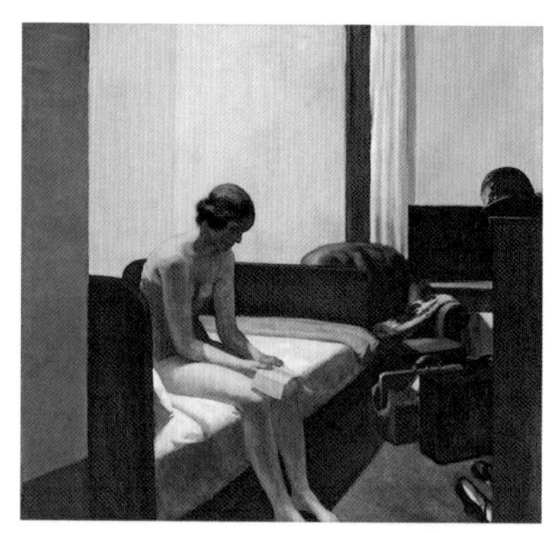

红色、绿色、黄色形成对比，并用白色和粉色作为辅助，整个画面低亮度、高对比度，显得个性又复古

2013 年，奥地利导演古斯塔夫·德池在电影《雪莉：现实的愿景》中，高度还原了画家爱德华·霍普的 13 幅名作，这部电影也证明了当大师的配色被运用到真实的场景中时有多么迷人

这是 18 世纪意大利风景画家卡纳莱托的作品《圣约翰和保罗场》，卡纳莱托非常擅长将建筑的细节和色彩相结合，在这幅画中，他使用加了灰度的蓝色搭配暖橘色，色调整体偏暖偏暗，有种当下流行的大地色系的治愈感，适合运用到室内配色中

综上所述，找到属于自己的色彩并不难，从家居实景图、个人穿搭风格、经典电影画面、名画中都可以直观快速地找到自己喜欢的颜色。但找到自己喜欢的颜色只是第一步，色彩应用是一件复杂的事，我将在下一节继续和大家分享。

最后，给大家推荐一些简单好用的取色小工具，如手机取色 APP、测色仪器，可以借助这些小工具提取出任何颜色的电子版本的色号。

测色仪，将仪器对准颜色，即可出现相应的产品色号

色采

一手取色采

取色器

柠檬取色板手机版

小鹿取色取

取色 APP，使用简单，只需要上传图片到相应的 APP 中，就可以轻松获取画面中的色号

# 第 2 节　如何将你的色彩应用在家居空间中

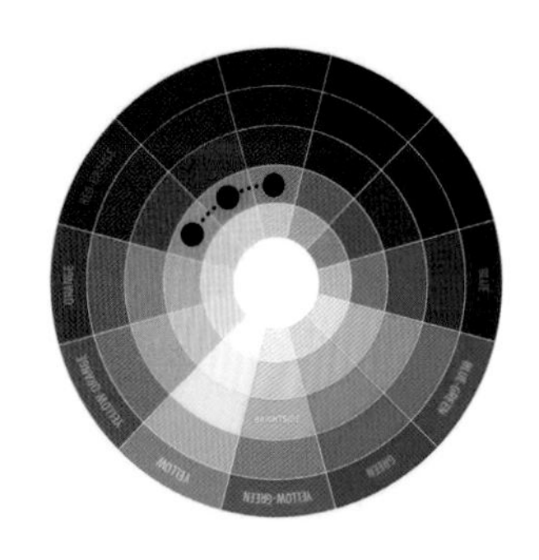

色相环上相邻的 2 ~ 3 种颜色即为邻近色，将它们搭配在一起可以营造出平静又和谐的视觉效果

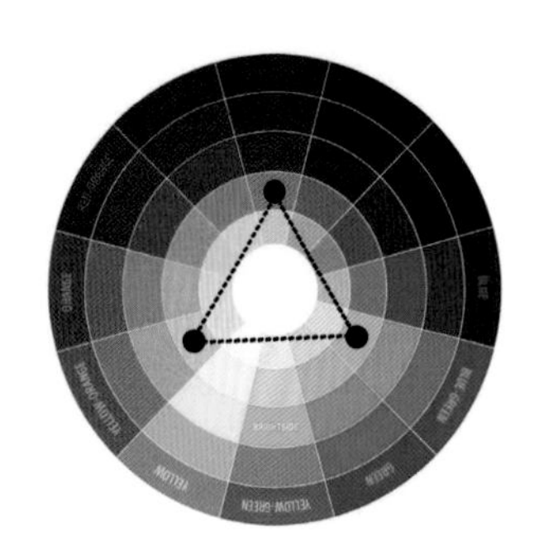

色相环上相对位置的两种以上的颜色即对比色，将它们搭配在一起可以制造出强烈的视觉冲突

找到专属于你的色彩后，如何将“你的色彩”应用在家中呢？推荐以下几个方法。

## 1　专业配色法：邻近色和对比色

一般来说，有两种不易出错的专业配色方法：邻近色搭配法和对比色搭配法。邻近色搭配法是将色相环中相似的颜色搭配在一起，营造出一种柔和的氛围与秩序感。对比色搭配法即通过对比鲜明的颜色搭配，制造出一种强烈的视觉冲突。这两种方法虽然听起来简单，但具体应用依然比较复杂，它涉及色相、明度、纯度、色彩心理学等专业知识，最好还是交给专业的设计师来帮你搭配。

在这个空间里我用的是邻近色搭配法，墙面用的是加了粉色的奶咖色，顶面用的是奶黄色，并用柜门颜色和沙发颜色进行呼应，整体画面显得柔和又温馨

业主 Faye 家的客厅用黄色跟蓝色做对比，蓝色的灯具、地毯以及镜子里蓝色的柱子跟整个空间的黄色形成强烈的反差，让空间显得活泼、有趣

## 2　“懒人配色法”

“懒人配色法”是一种简单易上手的配色方法。以前面提到的电影《布达佩斯大饭店》为例，通过取色工具，我们可以轻松获取某个钟爱的画面色彩的色号以及各种色彩在画面中的占比。下图中，粉棕色在画面里的占比最高，其次是紫咖色、深紫色和黑色，最后是作为点缀色的西瓜红。

《布达佩斯大饭店》经典场景之一

如何把这套颜色“抄”到你的家里呢？在一个空间里，墙、顶、地是最大的色块，其次是窗帘、床品、地毯等，再次是灯具、画作、摆件等点缀的色块。如果你想获得一个“布达佩斯大饭店风格”的卧室，则可以把卧室的墙面、顶面刷上粉棕色，床品、地毯、窗帘等选择紫咖色或它的近似色，最后再选一款西瓜红的挂画作为点缀。

既然是“懒人配色法”，最后呈现的效果自然就相对粗糙一些。如果对色彩搭配要求较高，那么建议你寻求专业设计师的帮助。

“布达佩斯大饭店风格”卧室效果图

## 3 色彩与采光

无论你掌握了何种配色方法，在实际应用中都有一个至关重要的因素需要考虑，那就是你家的采光。

采光条件的背后，其实是你家所处的环境，包括地理位置（南方还是北方）、楼层（高层还是低层）、朝向（朝南还是朝北）、窗户大小等。因为不同的采光条件下，即便同一个色号也会呈现出不同的效果。例如两个户型相似的房子，一个在北京市，一个在三亚市，两个客厅刷的是同一个色号的黄色，但因为北京市和三亚市的光照条件不同，这两面黄色的墙带给人的视觉感受会略有差别。

同理，不同楼层的空间，如果选用同一种颜色，也应在饱和度上有所区别。采光良好的空间，色彩效果会偏暖一些，不宜选用冷色调，否则会让色彩显得不够干净；而采光较差的空间，可以用暖色调来中和空间的冷调，或者用冷色调让空间更加干净。优秀的色彩搭配就是要结合具体环境，扬长避短，让色彩更好地发挥出其优势。

业主杨教授家的一层玄关，采光条件一般，因此我选用了冷色调的绿色，让这个空间显得更加安静，主人到家后会有一种仪式感

杨教授家二层的客卧，采光条件优于一层，我选用了偏暖的绿色，让空间显得更加柔和，也更适合休息

# 第3节 家居空间中到底有没有“禁忌色”

看完前面两节，相信你们还是会有疑问：只要将自己喜欢的色彩运用在家里，就真的不会出问题吗？如果喜欢红色就将自己家的墙面刷成红色，那么住在里面会不会心情浮躁？如果喜欢黑色就将自己的家刷成黑色，那么住久了会不会得抑郁症？

根据色彩心理学理论，黑色意味着严肃、隐藏、防御，红色代表着热烈、自信，甚至暴力。如果从这个角度来说，这样的担心似乎不无道理。实际上，家居空间中是存在“禁忌色”的。

## 1 家居空间用色禁忌两大关键词

从业十余年，我设计过各种颜色的家，因此可以负责任地告诉大家：只要不在家里大面积使用高饱和度的颜色，想用什么颜色就可以用什么颜色。

我们虽然在家里待客、办公、学习，但家本质上是让我们放松和休息的场所，而大面积的高饱和度颜色会让人兴奋、紧张、激动。想象一下，把卧室的墙面全部刷成鲜红色，会让人晚上难以入睡。如果是以红色作为小面积的点缀色，比如你在床头放一个小小的红色摆件，就没有问题，或者给红色加上一定的灰度，变成浅浅的红色，也不会影响我们的正常休息。

因此，家居空间用色禁忌的关键词有两个：一是“大面积”，二是“高饱和度”。只有同时满足这两个关键词，色彩才可能给我们带来困扰。

在这样的卧室里你确定自己能睡得着吗？

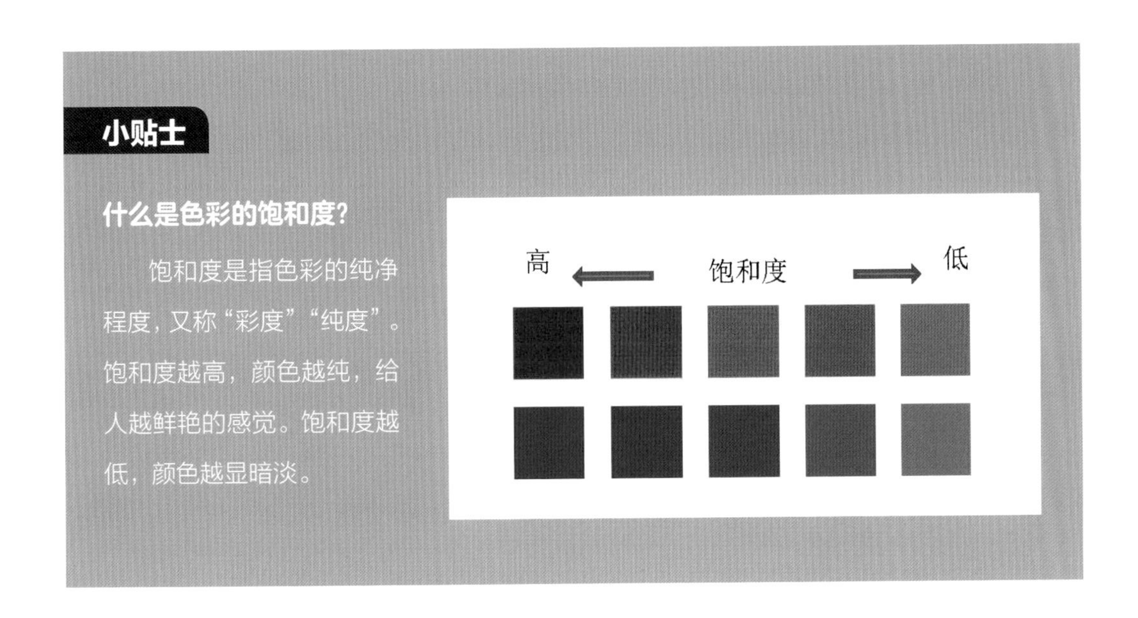



## 小贴士

### 什么是色彩的饱和度？

饱和度是指色彩的纯净程度，又称“彩度”“纯度”。饱和度越高，颜色越纯，给人越鲜艳的感觉。饱和度越低，颜色越显暗淡。

## 2 让你不舒服的颜色就是禁忌色

色彩的复杂性还在于，每个人对色彩的感受是不一样的。同一个颜色，有的人看了很喜欢，有人看了却心生厌恶，这与每个人的成长经历和性格等息息相关。最典型的就是黑色，喜欢黑色的人，看到它就能瞬间静下来；而不喜欢黑色的人，看到它只会觉得压抑。

我有一个性格坦率的女性朋友，她的家非常极简，甚至连窗帘都被她拆了……光秃秃的窗户、大白墙，整个空间亮亮堂堂。如果让她住在一个深色系的空间里，她会觉得不适、压抑，所以黑色就是她的禁忌色。而我正好相反，到过我家的人都知道，我家像是个深色系的“山洞”，连窗帘我都选择的是遮光度达到 90% 的布料，因为黑色和其他暗色不仅不会让我觉得压抑，反而让我有一种深深的“包裹感”和安全感。只有身处在这样的空间里，我才能安心。

所以，有时不用太在意色彩背后的心理学内涵，你讨厌的颜色、让你不舒服的颜色，就是你的禁忌色，这就是色彩的复杂性。每次为业主做色彩方案时，我都会提前给他们做一个详细的色彩测试，并了解他们的性格、喜好，找到他们的专属色彩，避开他们的禁忌色。

我的卧室，一个黑漆漆却能让我睡得安心的“山洞”

Dream 家的卧室，她是一个性格坦率又开朗的女生，我在她的卧室用了大面积的白色，亮亮堂堂，正如她的性格

# 第3章

# 九大关键元素，打造专属于你的空间



色彩决定了我们对空间的第一印象，但家的软装实际是由一个个具体的元素共同打造的。有大体量的元素，比如墙、顶、地，以及沙发、茶几、床、收纳柜等家具；也有小体量的元素，比如装饰画、绿植、抱枕、摆件等；还有一些能彰显软装细节的元素，比如五金以及开关、插座面板等。本章就和大家详细聊一聊软装设计的九大关键元素。

# 第1节 墙、顶、地

墙、顶、地，顾名思义，就是墙面、顶面和地面。严格来说，这部分并不完全是软装，比如地板、瓷砖、乳胶漆等算是硬装元素，壁纸、壁布、壁画等算是软装元素。但无论硬装还是软装，墙、顶、地所占空间面积最大，是室内软装设计的基础，相当于一个“画布”，在这个基础上才能开始画画，可以添加其他颜色或图案。因此，这里我不会严格地区分软装和硬装，而是简单对墙、顶、地的常见材质进行分析。

## 1 墙面

墙面材质几乎每年都有新的产品出现，看似更新换代快，却“万变不离其宗”，基本上分为以下几类材质。

### （1）乳胶漆

乳胶漆是最常见的墙面材质，有很多优点，比如施工便捷、性价比高、环保性能良好，但缺点也很明显：色彩和呈现效果相对单一，易磕碰坏，不易维护等。

我并不认为在墙面涂刷乳胶漆就等于简装，实际上，用乳胶漆也可以做出有个性、有品位的空间效果。比如用滚涂的方式代替喷涂，滚筒刷能给墙面带来轻微的纹理感；再比如近几年十分流行的蛋壳光乳胶漆，刷上后看起来与普通乳胶漆没有什么区别，但在光照下会有微微的反光效果，给人一种低调的奢华感（这种乳胶漆对墙面的平整度要求非常高，比较考验施工人员的手艺）。如果你想要更加奢华的感觉，则可以尝试先在墙面贴上壁布，再在壁布上涂刷乳胶漆，在壁布纹理的加持下，普通的乳胶漆完全可以媲美艺术漆。

滚涂乳胶漆的墙面效果

蛋壳光乳胶漆的墙面效果

“壁布 + 乳胶漆”的墙面效果

### （2）艺术漆

那些具有极强个性和表现力的涂料，都可以统称为艺术漆。艺术漆的种类繁多，而且每年也都在推陈出新，大家在预算允许的范围内，可以根据自己喜欢的风格来选择相应的涂料。喜欢质朴的感觉，就选择清水混凝土；向往欧式风格和油画般的质感，可以选择意大利艺术漆；想要营造低调的奢华感，可以选择微水泥。

意大利艺术漆墙面效果

### （3）壁纸、壁画

壁纸和壁画是成本最低的墙面软装材料，花色、图案应有尽有，随时可以改，撕了重新贴就可以。这里有一个选择壁纸、壁画的小窍门——按照品牌所属国家来选。如果你希望家是干净清爽的北欧风，则可以选择丹麦产的壁纸；如果你想营造浓郁的复古风，那么英国产的壁纸就非常合适；如果你喜欢小清新或者大自然的感觉，可以尝试一下日本产的壁纸。

墙面壁纸来自瑞典的壁纸品牌 MINOU

墙面壁纸来自英国的壁纸品牌 Designers Guild

墙面壁画来自国产壁纸品牌法帛

### （4）墙面造型

墙面造型曾是贵族家里才有的装修元素，如今在普通家庭中已经比较常见，做了造型的墙面会显得更奢华、高级。家居空间中常用的墙面造型材料有三种：护墙板、石膏线和 PU 线。

**●护墙板**

护墙板的材质多为实木、复合实木，整体风格比较稳重，但会在视觉上缩减空间面积，且成本比较高。如果你是美式风格的拥趸或者拥有面积比较大的别墅，可以尝试用护墙板来增加空间的层次感。最近几年流行的海洋板，更多的是营造一种日系工业风的感觉。也可以尝试用瓷砖来做护墙板，营造复古南洋风的家居氛围。此外，瓷砖的防潮性比木材要好，建议别墅的地下室用瓷砖做护墙板。

床头后面是实木护墙板

上海百年老宅荣宅的瓷砖护墙板

● 石膏线

比起护墙板，石膏线就“亲民”多了，价格便宜，造型多样，而且适用于各种风格。美中不足的是石膏线不易维护，时间长了容易开裂和发黄。

● PU 线

PU 线线条细致，能轻松打造出不同的造型，且不易变形、开裂、发霉。比起石膏线流畅的造型，PU 线是依靠线条拼接安装来做出造型的，比较考验施工工人的手艺。

用石膏线制作的墙面拱门造型

用 PU 线制作的墙面拱门造型

## 2　地面

家装设计中地面常用的铺装材质是木材和石材。

### （1）木地板

现在人们开始摈弃之前浮夸的东西，对家的理解也在慢慢发生改变。木材纹理自然、环保，出现在家里总让人感觉到温馨、温润。木地板是百搭的地面铺装材质，产品种类齐全，款式应有尽有：亚光的、带疤结纹理的、做旧的、强调肌理感的，等等，大家可以根据自己的喜好来选择。

实木地板总能给人一种温暖的治愈感

如果你的预算有限，还可以选择二手木地板。我曾帮助业主使用过二手木地板，甚至直接让他把家里原来的木地板拆下来，重新铺贴于一楼的老人房中，二手木地板那种岁月留下的木纹痕迹特别迷人。但经过岁月洗礼的木地板也更容易变形和开裂，如果你能接受这个缺点，那么二手木地板确实是性价比非常高的选择。如果你喜欢有岁月感的木地板，又追求木地板的稳定性，那么也可以选择做旧风格的木地板。

这是业主绰绰家，客厅地面铺贴了二手实木地板

### （2）石材地面

#### ●大理石、莱姆石、水磨石

相比于木地板，地面可以用的石材种类就更多了，比如大理石、洞石、莱姆石、瓷砖、水磨石等。自带天然纹理的大理石，有着古典宫殿般的奢华感，用在家里能够彰显贵气。如果你想要质朴的感觉，那么这几年比较流行的洞石、莱姆石也是不错的选择，石材本身粗糙的纹理有一种未经雕琢的朴素质感。

水磨石对“80 后”来说都不陌生，多出现在学校、医院或者商场等公共场所。将这款带着童年记忆的材料用在家里，会给人一种复古的感觉。

威尼斯市奎里尼·斯塔姆帕利亚基金会地面的大理石

青岛知野咖啡店地面用的是莱姆石

这是我设计的一家展厅地面，在水磨石中间镶嵌了铜条，让地面铺装显得更加精致

### 瓷砖

瓷砖一直在更新换代，带天然石材纹理的瓷砖很受欢迎，它比天然石材便宜，又能产生类似的视觉效果，因此性价比极高。随着微水泥的风靡，单色的大尺寸瓷砖也开始流行起来，实际上只要瓷砖之间的勾缝处理得好，在地面铺贴瓷砖也可以达到微水泥的铺装效果。

**小贴士**

**微水泥施工时可以用瓷砖打底**

这里分享一个性价比超高的微水泥地面施工方法：基层找平后，在地面上先铺贴瓷砖，然后仔细打磨瓷砖表面，再在瓷砖上涂刷一层微水泥，这样既省了做基层的钱，又更耐用，而且瓷砖还可以用杂砖，又节省了一部分费用。

业主冰洁的家，她想要复古感的餐厅氛围，所以我选用水泥花砖来铺贴地面，并从花砖的颜色中提取出绿色，作为餐厅的主题色

业主 Dream 家的公共区域，我特意选择了大尺寸瓷砖，空间显得更加简约和高级

业主锅锅家，地面铺贴的是仿微水泥瓷砖，整体素雅简洁

## 3　顶面

一直以来，大多数业主似乎对房屋的顶面设计没有太多的想象力。回想一下，你最常见的顶面是什么样的？大白顶，对不对！其实顶面可以用的软装元素非常多，前面提到的墙面材质和元素都可以用在顶面。将 PU 线、石膏线用在屋顶上，可以营造出复古浪漫的氛围；将壁纸或者壁画贴在天花板上，大胆又“吸睛”；不锈钢或者镜面元素的天花板，既会让屋子显得更高又充满现代感。

这是设计师罗秀达的作品，为了强调空间的“包裹感”，她在房屋顶面用了深色地板，与深色地面以及餐桌的材质相呼应

业主 Faye 家的卧室，顶部的蓝色乳胶漆和墙面的红色壁纸形成强烈的对比

业主冰洁家的书房，我选用了一款地图壁纸铺贴在顶面上，为空间增添了一抹文化气息

我有一位设计师朋友墨菲，她将竹子用在了自家的顶面，别有一番趣味。云南、贵州、四川等地也有不少人家会用竹子装饰顶面，比木材成本低，自带竹香，还能防蚊虫，一举多得。

墨菲家的顶面用了竹子做装饰

## 4　墙、顶、地的衔接和搭配

墙、顶、地三者的衔接和搭配，可以参考前面提到的配色法中的邻近色和对比色搭配方法。如果墙、顶、地使用同样的材质，则可以打造一体式的效果，强调干净整体的空间感；如果墙、顶、地使用不同的材质，那么需突出的是空间的层次感和丰富性。

**小贴士**

**在墙、顶、地搭配材料时，应避免光污染**

如果地面使用亮面材质，比如抛光大理石或亮面瓷砖，则顶面就不要再使用光泽度太高的材质，免得材质之间互相反射，造成光污染。

业主锅锅家客厅地面用的仿微水泥瓷砖，墙面和顶面用的都是暖白色乳胶漆，墙、顶、地是统一素净的白色

业主郑坤家，墙面用的是白色乳胶漆，地面用的是微水泥，顶面则用了壁布加暖棕色乳胶漆。墙、顶、地不仅颜色不同，质感也各异，赋予空间极强的层次感

# 第2节　家具

家具通常具有实用功能，能为我们提供更加舒适便利的生活，是体量最大的软装元素之一，也是住宅软装设计的重要组成部分。家具的款式和布局不仅影响室内空间的整体风格，也反映出居住者的品位和生活态度。因此，选择适合自己的家具也是一种个性的表达。

那么，如何选择适合自己的家具呢？在做设计时，我遵循一个基本原则，那就是永远不要只通过“颜值”来选家具。

我家厨房烟道旁的通高柜体是定制的，不仅可以将米面粮油和各种小家电收纳起来，墨绿色的百叶柜门“颜值”也很高

## 1　选择成品家具还是定制家具

有的人喜欢成品家具，有的人则喜欢定制家具，这都无可厚非。在我看来，定制家具与成品家具各有千秋，关键还是要看能否满足居住者的需求。

### （1）定制家具

定制家具可以量身定做，能很好地解决中小户型或者奇葩户型的空间利用难题，视觉上也可以做到更加和谐统一，而且定制家具的五金选配好了也会特别出彩。

我的好朋友七巧天工室内设计工作室的王冰洁设计师非常擅长小户型改造，在她的作品中，我们经常可以看到兼具高“颜值”和强大收纳功能的定制家具。

七巧天工室内设计工作室的作品，设计师王冰洁在不大的儿童房里定制了树屋床，上面用来睡觉，下面的“小洞穴”则用来玩耍，还能装下上百本童书和数十套玩具

七巧天工室内设计工作室的作品，在卧室一角，设计师王冰洁结合飘窗通过 3 块木板，定制了书桌和书架，盘活了这个小空间，给业主打造出一处额外的学习或工作空间

七巧天工室内设计工作室的作品，设计师王冰洁在原户型的阳台处定制了飘窗台，铺上厚垫了就是一张沙发，靠垫与窗沿齐平，既不遮挡窗景，又刚好方便肩颈依靠

### （2）成品家具

与定制家具相比，成品家具的选择余地更大，款式更多，而且价格也更亲民。此外，成品家具的灵活度也很高，可以根据居住者的需求随时调整，日后更换装修风格或者改变空间布局都很方便。

业主 Faye 家的卧室，空间是柔美的奶油风格，我特意选择了一款靠背带有柔美弧度的木床

我家卧室的成品衣柜，复古的款式和我家的整体风格非常搭调

经典的昌迪加尔单椅，无论放在哪里，都能很好地提升空间气质

## 2 装饰性家具和可移动小家具

在成品家具中，有两类家具我想在此重点介绍一下。一类我称之为装饰性家具，另一类是很流行的可移动小家具。

### （1）装饰性家具

装饰性家具，简言之就是有很强装饰性的家具，其最大功能是装饰、美化空间。屏风就是很典型的装饰性家具，早期的屏风还具有一定的实用性，通常用作空间隔断，如今的屏风装饰性更强一些。你可以把它当成空间里的一幅画，用来增加软装的层次感，同时为家带来艺术气息。

业主 Land 家别致的中古小屏风，摆在台面上就是一幅画

业主杨教授家，我将有东方仙鹤元素的屏风摆在了沙发后面，作为沙发背景墙

这是 NOTHING DESIGN 工作室的作品，沙发旁的白色屏风采用夸张的几何拼接形态，与空间里的其他曲线元素相呼应，营造出充满现代感的空间氛围

在 NOTHING DESIGN 工作室另一套作品中，一款银箔做旧的中式屏风和空间中的不锈钢元素相呼应，体现了中式元素和现代风的结合

中古家具的装饰性也大于实用性。首先其造型和材质与现代家具不同，具有独特的历史风格和美学特色，摆在家里的任意角落都是独特的存在；其次，中古家具大多经过岁月的洗礼，自身具有一定的年代感，就像一本斑驳的故事书，永远引人注目，让人好奇；再者，中古家具通常会掉漆或者有磨损的痕迹，能够带给人一种反精致的美学感受。这样的家具本质上已经是艺术品了，哪怕它丝毫不具备实用功能。

业主Land是中式家具的爱好者，他收藏了很多明式家具，我给他“淘”了一个旧鼓作为茶几

中古家具这几年非常流行，但作为一个中古家具爱好者，我还是希望大家理性购买，不要盲目跟风。只有同时满足下面这两个条件，我才会建议大家入手中古家具：

① 非常喜欢中古家具斑驳的岁月感，新家具难以达到这种破旧的效果；

② 经典中古家具的工艺复杂，具有同样工艺的新款家具价格很贵，但二手或者中古款家具能节约一些预算。

我家没有传统的床头柜，我在床头摆了一张中古风的单椅用来置物，斑驳的漆面和清水混凝土墙面的粗糙感非常搭调

**小贴士**

**挑选家具时不能只关注“颜值”**

前面提到，不要只通过好看或者不好看来选择家具，选择装饰性家具也不例外。即使它们的“颜值”再出众，买之前你也要想好今后要摆在哪里，想达到什么样的视觉效果，以及家具背后的美学原理，等等。只有这样，才能最大限度发挥它们的“颜值”优势。

### （2）可移动小家具

可移动小家具近来也备受追捧，比如可移动小边几、杂志架、小推车等，一些露营家具也可以归入此类。这类小家具的优点非常明显：首先它们非常灵活，我们可以根据使用场景来调整家具的布局；其次小家具简洁、轻巧、不占空间，特别适合小户型空间使用。现在的人们大都不喜欢一成不变的东西，普遍追求实用性和便捷性，灵活又轻巧的可移动小家具显然更符合现代人的生活习惯。

还以我家为例，客厅没有茶几，我偶尔在客厅办公，就会随手拿起客厅里的一个露营收纳箱当工作台，有时候还会在上面用餐。不需要的时候搬到一旁，不占空间，“颜值”还高。

这款绿色的露营收纳箱经常被我搬来搬去，非常实用

Dream 家客厅的这款置物台其实是两个叠在一起的露营收纳箱

此外，露营家具还有一个优点，因为它们是为户外环境而设计的，所以防潮、防腐性能比较优越。让我们“开个脑洞”，这样的家具除了用在户外，还适合用在哪里？没错，地下室或者比较潮湿的房间。业主 Dream 是一个资深的露营爱好者，她有很多露营装备和家具，我建议她不要再买其他地下室的家具了，直接摆上露营家具就可以，既解决了露营装备的收纳问题，还省下了一笔买家具预算。

Dream 家的地下室摆满了她的露营装备

## 3 如何买到真正适合自己的家具？

作为一名室内设计师，我还是建议大家理性消费，只买适合自己的家具。那么，怎么判断一款家具是否适合自己呢？

❶ 从功能性出发。根据你的生活习惯和日常生活动线去判断，自家的各空间需要什么功能的家具。举个例子，如果你下班回家后习惯立马换上家居服，那么你就需要在玄关为自己规划一个挂家居服的衣柜或者衣帽架。

❷ 从人体工程学出发。沙发、床垫、单椅等身体会长时间接触的家具，应将舒适度摆在首位。这类家具不建议网购，一定要先去线下店试用。

Dream 家客厅一角，这里用了很多自然风格属性的单品，比如手工粗布的豆袋沙发、藤编吊灯、棉麻材质的窗帘，Dream 身上穿的也是棉麻材质的连衣裙

③ 从与整体空间的搭配出发。同属性的单品更百搭，如果你已经购入了一些软装单品，那么在添置新家具时，需要考虑它们和家里已有单品的匹配度。比如，你家的自然元素较多，柜子是藤编的材质，窗帘是棉麻的布料，地毯是剑麻的材质，那么麻质材质的沙发显然比真皮沙发更适合你家。

最后，分享一个挑选家具的懒人方法——用图像处理软件（比如 Photoshop）把你喜欢的家具单品摆在一起，然后用肉眼去感受它们之间是否和谐。

将不同的家具摆在一起，直观地判断它们是否和谐

## 第 3 节　家用电器

以前大家购买家用电器，大多是从实用性出发。但近几年，电器的美观度越来越受业主的重视，一款优质的电器，不仅要具备基础的实用功能，还要能成为家里软装布置的一大亮点。

大概是嗅到了这份商机，越来越多的家用电器生产商开始努力提高电器的“颜值”。感谢他们的努力，让我们的电器有机会成为软装的加分项。下面就给大家推荐几款我的设计作品中使用过的高“颜值”电器。大家也不用局限于我推荐的品牌，现在好看的电器有很多，可以根据自己的预算来购买。

电视机来自三星

复古冰箱来自 SMEG

洗衣机来自 ASKO

复古电风扇来自伽罗生活

电子壁炉来自格洛艺术壁炉

抽油烟机和燃气灶都来自 SMEG

但并非所有的电器都拥有较高的“颜值”，如果我们买到一些“颜值”普通的必备电器，则建议把它们隐藏起来。

### （1）壁挂式空调

壁挂式空调是我们生活中最常见、使用频率最高的空调款式，一个大大的凸起物体挂在墙面上，还耷拉着一根显眼的电线，怎么看都不够美观。我们的确可以打造价格不菲的新风系统，彻底告别壁挂式空调，但如果你不想花这笔钱，或房子是租住的没有条件更换空调设备，那么做一个空调罩子是最简便的办法。这个罩子还可以根据家的风格选用不同的材料。

七巧天工室内设计工作室的作品，设计师王冰洁用木板给空调做了一个罩子，还刷上了和墙面同色的乳胶漆，弱化了空调的存在感

### （2）冰箱

有高“颜值”的冰箱，也有普通款式的冰箱。偌大一个电器放在哪里都会显眼，最简单的办法就是把它藏进柜子里，做成嵌入式的。还可以与一旁的家具做同色处理，这样视觉效果会更加清爽整洁。

### （3）抽油烟机

给抽油烟机遮丑的方法也是定制一个装饰罩，注意材料要选用防火、阻燃、防潮、防腐的板材，还可以在板材上贴一层石膏板，然后再在石膏板上刮腻子找平，后期刷上与墙面同色的乳胶漆，这样效果会更佳。

这是 NOTHING DESIGN 工作室的作品，设计师将黑色的冰箱完美融入黑色烤漆的柜子里，空间显得干净清爽

在设计师阿加的这套作品中，抽油烟机是黑色的，和厨房的整体风格不太搭，于是她让木工师傅用细木工板做了一个弧形框架，表面用面板包裹，最后刷上和墙面瓷砖同色的乳胶漆

### （4）燃气热水器

燃气热水器也是家里常见的一款需要遮丑的电器。遮丑方法推荐两种：一种是像冰箱一样，直接藏进柜子里；另外一种是借用洞洞板把下方凌乱的管线隐藏起来，洞洞板上还可以挂一些小工具，兼具收纳功能，一举两得。

Dream 家燃气热水器的下方安装了洞洞板，用来遮挡凌乱的管线，同时还能收纳厨房小工具，非常实用

# 第4节　布艺

布艺，包括窗帘、地毯、床品、抱枕等，在软装设计中扮演着非常重要的角色。一方面，它们具有隔声、保暖等作用；另一方面，我们可以通过布艺的不同材质、颜色、图案等，柔化室内空间生硬的线条，营造出独特的家居氛围和风格。

## 1　挑选布艺的首要原则

布艺是软装设计中最容易更换的部分，可以根据季节或个人喜好进行调整，为家增添一点变化和趣味性，但这也不意味着可以随便购买布艺产品。布艺产品的款式应有尽有，我在给业主挑选布艺产品时会遵循一个原则——不能只看“颜值”，还要考虑它是否适合你的生活环境。

布艺没有家具、家电那么大的体量，貌似不起眼，却跟我们的生活体验紧密相关。如果材质没选对，则会对家居氛围产生负面影响。这里总结以下几点经验：

❶ 家里有鼻炎患者的家庭，不要选择长绒毛的织物；

❷ 家里有婴幼儿的家庭，建议选用 A 类面料，同时尽量避免长绒毛织物；

❸ 养有宠物的家庭不适合使用真丝、棉麻等材质，更适合用丝绒、科技布、科技皮等材质；

❹ 如果业主对光线敏感，则要考虑窗帘面料的遮光度。

总之，再好看的布艺产品都是为我们的生活服务的，比起面料上好看的图案，你使用时的幸福感更重要。

我家客厅一角，不同风格和材质的布艺单品搭配在一起，能营造出温暖、随性的氛围感

## 2　地毯的选材和搭配技巧

地毯既能起到隔声、防滑、保暖、保护地板的作用，也是对室内软装效果影响最大的布艺产品，为什么这么说呢？第一，它的图案、材质、色彩能让空间的风格属性更加鲜明，也能起到增加空间层次感的作用；第二，因为地毯和地面的材质、颜色不同，所以可以起到隐性界定空间的作用；第三，地毯不仅会影响空间的视觉效果，还能给我们带来触觉刺激，改变地面的触感。

### （1）地毯材质

地毯的材质有很多种，比如羊毛、真丝、棉质、麻质、竹纤维、混纺等。不同材质的地毯在视觉效果和触感上自然也是大相径庭的，大家可以根据季节和空间功能来进行选择。

**常用地毯对比**

| 材质 | 特性 |
| --- | --- |
| 羊毛地毯 | 柔软、厚实、保温性能良好，脚感舒适，抗潮性能较差，而且易蛀虫，维护成本高 |
| 麻质地毯 | 不易起球和掉毛，耐磨性好，能吸湿和调节室内温度，但不易清洗 |
| 化纤地毯 | 由化纤原料编织而成，经济实用，抗污性能良好，清洗和维护方便，缺点是易产生静电、易吸灰尘，保暖性能较差 |
| 混纺地毯 | 装饰性不亚于羊毛地毯，且耐虫蛀和耐磨性更佳，缺点是易产生静电、易吸灰尘，保暖性能较差 |

#### 根据季节来选择地毯

羊毛、化纤类的地毯能带来柔软的触感，适合冬天使用；质地轻薄、自然环保的棉麻类地毯，则更显得清凉，适合在夏天使用。

柔软的羊毛地毯

清爽的棉麻地毯

### ●根据空间功能来选择地毯

玄关处的地毯需要阻隔室外的灰尘，宜选择防滑、防潮、耐磨的材质，比如椰棕或化纤地毯，短毛款的羊毛地毯也可以，尽量不要选择长毛款式的地毯。客厅是待客的地方，对品质和舒适度要求比较高，可以选择纯毛地毯或混纺地毯，所以客厅的地毯预算可以相对高一点。卧室等私密性空间，强调温馨感，宜选择羊毛材质的地毯，尤其是长毛款式的羊毛地毯。儿童房或儿童活动区的地毯，不仅要求舒适度高，还要易于清洗，宜选择混纺、化纤材质的地毯。

杨教授家玄关的地毯用的是防滑、耐磨的椰棕地毯

我家客厅的地毯是羊毛材质的

在 NOTHING DESIGN 工作室的这个作品中，设计师直接在羊毛地毯上铺了床垫，整个空间氛围显得轻松随意

这是七巧天工室内设计工作室的作品，儿童房选用化纤材质的地毯

### （2）地毯的搭配技巧

地毯的图案、颜色等亦多种多样，如何挑选和空间软装相协调的款式呢？下面给大家分享一些实用的搭配小技巧：

❶ 想要风格百搭，建议选择暖色、纯色的地毯；

❷ 如果选择了彩色地毯，那么地毯中的小色块最好能跟空间里的某一色块相呼应；

❸ 深色地面可以搭配浅色地毯，浅色地面更配深色地毯，这样能产生视觉对比，让室内风格更加鲜明；

❹ 地毯还可以叠铺，素色配素色，花色配花色，或是素色搭配花色等，都可以增加软装的层次感，让空间显得更加温暖。

其实，地毯的搭配并没有“放之四海而皆准”的法则，而且不是所有的房间都需要铺地毯，你可以在任何你需要并想要铺设的位置设计地毯，但应在充分了解了地毯的作用后，再根据自己家里的实际情况来做具体搭配。

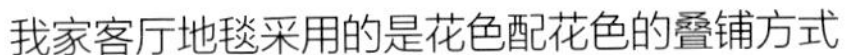

我家客厅地毯采用的是花色配花色的叠铺方式

纯色地毯怎么搭配都不会出错

## 3　窗帘的选材和搭配技巧

窗帘除了能起到遮光、隔热、防尘、保护隐私等作用外，还可以通过材质、颜色、纹理等来影响空间的软装效果。

### （1）窗帘材质

不同的面料材质具有不同的性能，带给人的空间感受也不同，因此在选购窗帘时，要先在材质上做点功课，明确自己的需求后再购买。窗帘从面料材质上来划分，主要有聚酯纤维、混纺、棉麻、丝质、雪尼尔、纱质等。

**窗帘常见材质对比**

| 材质 | 特点 |
| --- | --- |
| 聚酯纤维窗帘 | 比较平滑，不易缩水，易打理，色彩光鲜亮丽 |
| 混纺窗帘 | 聚酯纤维与棉的组合，综合了两者的优点，垂感好，款式丰富，可以机洗 |
| 棉麻窗帘 | 天然环保，有亲和力，但垂感一般，且容易缩水，不能机洗 |
| 丝质窗帘 | 色泽莹润，华雅贵气，但不平滑，垂感一般 |
| 雪尼尔窗帘 | 耐磨，面料厚实，立体感强，手感柔软舒适，雅致大气，垂感好 |
| 纱质窗帘 | 装饰性强，透光性好，一般适合用在客厅或阳台 |

### （2）窗帘的选购指南

窗帘的款式五花八门，可以根据自己的喜好来选择，同时还需要考虑空间的面积、净高、风格、功能等因素。

#### ●空间面积、净高

面积较大的空间宜选用暖色调窗帘，以拉近空间距离，使空间更饱满，更有层次感；面积较小的空间，窗帘的色彩最好与墙面、家居色调保持统一，或者使用冷色调，延伸视觉空间。净高较高的空间，窗帘应尽量用素色，避免因窗帘面积太大而喧宾夺主。

杨教授家客厅净高比较高，我选用了一款白色的棉麻窗帘

### ●空间风格

简约风格的家居空间可以选择颜色素雅或图案简洁的窗帘；自然风格的家可以选择棉麻材质的窗帘；复古风格的空间可以选择丝绒面料或颜色比较饱满、图案丰富的款式；中式风格的家可以选择具有中式传统元素的窗帘或真丝窗帘，但真丝面料不易搭理，一般家庭不适用。

姚姚家的厨房是法式乡村风格的，我选用的棉麻材质窗帘

设计师 sweetrice 擅长营造复古风格的空间，在她设计的这个复古风格的家里，窗帘上复古的图案与床上抱枕的图案相呼应

锅锅家的卧室是轻复古风格的，我给她选的窗帘上有精致的玫瑰图案

● 空间功能

卧室是用来休息的地方，最好选用遮光性好、色彩温馨的窗帘。当然，对光线的敏感度因人而异，也有人喜欢在卧室挂透光性很好的棉麻窗帘。客厅是日常会客、娱乐休闲的地方，建议选择布帘和纱帘相结合的类型，这样既能阻挡室外的噪声和强光，也能营造出高雅精致的家居氛围。书房宜选用透光性好、明亮的材质，色彩可以是淡雅简约的，也可以是冷色调，有助于放松身心和思考即可。

业主李阳家的卧室，我选用的是遮光度比较高的绒布材质

锅锅家客厅的窗帘选用的是纱帘与布帘组合的形式

## （3）窗帘搭配技巧

那么，窗帘如何与室内其他软装元素搭配呢？这里分享以下两个简单的小技巧：

❶ 制造呼应，提取房间里的某一个元素或颜色作为窗帘的图案或颜色，让空间整体更加和谐；

❷ 制造冲突，可以是色彩、材质的对比，也可以是图案的对比，制造冲突感，以此丰富空间的软装层次。

在这个儿童房里，我提取了壁纸上的绿色作为窗帘的颜色，进行呼应

业主小卢家卧室的窗帘，我特意选用有光泽度的材质，这样能和墙面清水混凝土的粗糙质感形成对比

# 第5节 摆件

如今，越来越多的业主喜欢在家里摆放一些好看、好玩、有趣的小玩意儿。都说居如其人，我觉得家居摆件是最能传达个人品位和个性的物品之一。摆件搭配得好，不仅能增加空间的美观度，还能给家深深打上“我”的标签。

我把摆件分成以下四类：第一类是好看的摆件，也就是单纯的装饰性摆件；第二类是具有功能性的摆件，比如小台灯、香薰、杯子等；第三类是书籍；第四类是潮流玩具（简称“潮玩”）。

## 1 装饰性摆件

我家里的很多摆件通常不具备实用功能，只是作为空间的装饰和点缀，比如一个小雕塑、一幅画作、一个花瓶、一把折扇，甚至是海边捡来海螺、路边拾到的松果等。这类摆件的摆放遵循一个原则：怎么好看怎么来。

那么，如何将这些小摆件摆得好看，且很好地融入整个家呢？下面分享一些摆件陈设的小技巧。

### （1）制造呼应

大家喜欢的摆件可能千奇百怪，各不相同，如何让它们和谐地融入空间呢？制造呼应就是一个很简单的解决方案。比如，业主 Faye 有一款粉色的唱片机，但她家整体色彩是偏奶油色的，于是我选择了一款粉色台灯和一幅挂在墙面上的装饰画与之进行组合搭配，实现了粉色的呼应和渐变。任何奇怪的、突兀的摆件大家都可以尝试使用这样的摆放方式，在家里为它制造一个呼应，不管是颜色、材质还是图案。

Faye 家的客厅，通过色彩的呼应和渐变，使粉色的唱片机在这个空间里毫不违和

### （2）制造冲突

通过画面的对比和冲突，比如黑和白、圆与方、厚重和轻盈、复古和现代……营造出反差感和视觉张力，充分彰显个性，同时凸显空间的包容度。比如业主 Land 很喜欢收藏文玩和古画，如何让这些收藏品融入家中呢？我的解决方法是尽可能让家保持轻盈感：墙面是大白墙，颜色多用浅色系，家具尽量选择轻盈、小体量的款式，于是整个空间中厚重的元素显得更厚重，包容的元素显得更包容。

Land 家的大白墙很好地衬托了这些有历史厚重感的文玩摆件

### （3）“堆堆堆”大法

单个饰品有时候容易被空间“吞没”，把相同或相似的饰品摆在一起，增加体量感的同时，还能制造视觉焦点，营造出一种戏剧感。比如我家有不少雕塑作品，最初我在卧室衣柜上方摆放了一个雕塑，总觉得不够和谐，于是我一口气摆了 3 个，这个角落瞬间有了美术室的感觉。

### （4）三角构图法

三角构图法是最基础、最容易出效果的摆放方式。三角形会让整个视觉画面稳定且不呆板，中、高、低层次的摆放还能增加空间的层次感。

我在衣柜上方摆了 3 个雕塑，这个角落瞬间有了美术室的感觉

这是 NOTHING DESIGN 工作室的作品，画面中有两个明显的三角形

### （5）摆件上墙

摆件不一定只能摆在台面上，上墙也是一个不错的选择。体积较小的摆件可以通过搁板上墙；而体积大一些的摆件，比如镜子、盘子等，可以像装饰画一样挂在墙上。

Dream 家客厅墙面上挂了 3 个带有异域风情的盘子

我收藏的一些迷你小摆件，通过黑色的窄搁板，实现上墙展示

我工作室里有各种中古摆件，镜子是非常适合上墙的

除了以上几种摆法，装饰性摆件还可以与绿植、图书、灯具等软装元素搭配在一起，能轻松营造出较好的视觉效果。

我家客厅一角，我把收藏的稀奇古怪的物件和绿植、装饰画搭配在一起，加之灯光的烘托，氛围感满满

## 2　功能性摆件

有　些摆件不仅具有特定的使用功能，也有很强的装饰性，比如台灯、香薰、杯子、唱片机等，我称之为“功能性摆件”。对于这类摆件，前面提到的摆放方式依然适用，但因为它们具有功能性，所以日常使用时可能会被随手放到不同的地方，因此选购一款高“颜值”的产品更是关键，不用精心布置，随手放在哪儿都能变成一道风景。我也给大家整理了一些高“颜值”的功能性摆件。

### （1）灯具

灯具，尤其是可灵活移动的台灯，不仅可以提供基础照明，“颜值”高的款式还有很强的装饰功能。

Faye 家蓝色的中古灯是客厅里最亮眼的存在

这款绿色的花苞灯放在家的任何角落都是一道风景

丹麦 MENU Carrie 系列户外野营灯的弧度和床靠背的曲线相呼应

这是 NOTHING DESIGN 工作室的作品，落地灯来自野口勇，无论放在中式还是现代的空间里都很百搭

### （2）香薰

无论是香薰蜡烛还是扩香石、扩香木，抑或是香水，都可以加深居住者对家的嗅觉记忆，同时这类产品的“颜值”也非常高，可以将其随手摆在台面上，既方便使用，也能增加空间软装的丰富性和精致度。

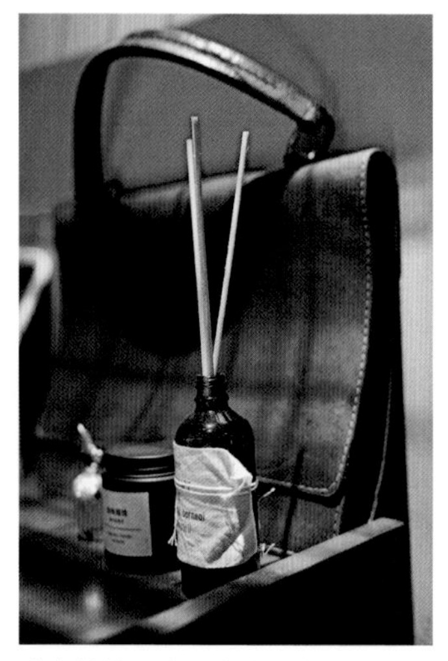

我会将扩香木摆在玄关柜上，既方便日常使用，也是玄关处的高“颜值”摆件

Faye 是香薰爱好者，她收藏了非常多的香薰，这些香薰的盒子特别好看，我将一些盒子作为摆件摆放在空间里

设计师 sweetrice 也是一位香薰高手，这是她家的一角，她非常擅长利用香薰打造出有氛围感的空间

### （3）杯子

杯子是我们日常生活中使用频率比较高的物品，造型好看的杯子可以成为空间里亮眼的点缀。

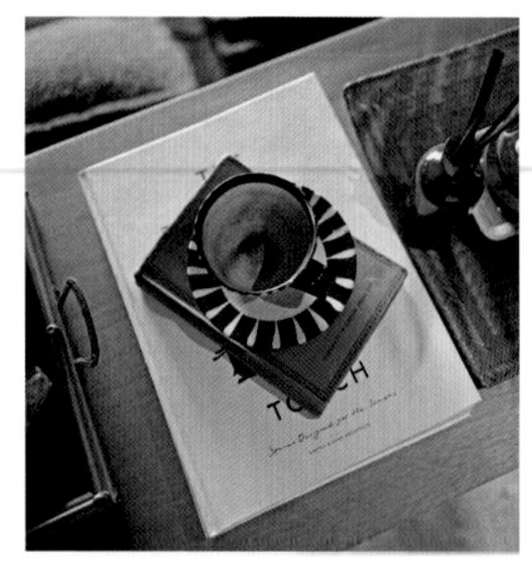

黑白相间的杯子很百搭，我在杯子下方放了两本书，白色的书和杯子的颜色相呼应，墨绿色的书则和我家的主题色相呼应，它们共同构筑了这个和谐的场景

右边这款绿色的杯子是我的心爱之物，造型别致，无论把它放在哪里都特别“吸睛”

### （4）桌面收纳工具

收纳箱、收纳袋、收纳盒等在我们的日常生活中很常见，好看的收纳工具摆在台面上既可以收纳杂物，也是一个塑造风格的摆件。

我家桌面上有两个牛皮纸收纳袋，用来收纳桌面杂物，牛皮纸粗糙的质感和我家的风格很搭调

我还喜欢收藏一些复古的小箱子、小盒子，箱体上浓郁的复古配色在空间里显得非常亮眼

## 3　书籍怎么摆放更好看

图书是家里最好的装饰品。有些图书的封面设计得非常棒，宛如一幅艺术画，放在哪里都令人赏心悦目。更重要的是，书籍代表着主人内心世界的丰盈度，一个摆满书籍的家即使没有其他装饰物，也会显得文艺气息十足。那么，书籍应该怎么摆放呢？

### （1）当作装饰画或集中展示

封面有设计感的图书可以直接作为装饰画来摆，也可以放在杂志架上进行集中展示。

### （2）把图书摞高当作置物台

把书摞高，这样就变成了一个小小的置物台，可以在上面放置一些器皿、装饰性台灯或其他摆件。

我专门定制了一个展示架，用来展示有设计感的书籍

我家没有床头柜，把书摞在一起，用来做床头置物架，方便睡前翻阅

### （3）直接摆在书架上

将书籍摆放在书架上是最常规的摆放方式，这里推荐几种摆法：按照书脊的颜色来摆放、横竖交叉摆放、书脊朝内摆放。

在 NOTHING DESIGN 工作室的这个作品中，书脊统一朝内摆放，这样摆放的优点是画面会更加整洁，适合极简风格的家

这是我设计的另一个家，书架上的书籍以
横竖交叉的方式进行摆放，显得不呆板

## 4 潮玩怎么摆放？

越来越多的人喜欢潮玩等物件，我家也有很多有趣的手办玩偶。这类物品应该如何摆放呢？

### （1）与家人同住

如果你平常和家人住在一起，那么建议你将它们集中摆放在特定空间。比如集中放在柜子里进行展示，再搭配上灯光设计，宛如为手办们打造了一个舞台。这样做还有一个好处，就是可以阻隔灰尘，且不容易丢、不会乱。

柜子可以定制或者直接购买成品柜，一些家居品牌也推出了专门用于收纳手办的展示柜。也可以将它们放在开放格里展示，这样会显得更随意一些。

七巧天工室内设计工作室的这个作品中有大量的手工玩偶，为此设计师王冰洁定制了 3.5 米长的桌子和壁挂展示柜，让玩偶成为这个空间的主角

在 NOTHING DESIGN 工作室的设计作品中，设计师将壁龛变成潮玩的集中展示区

### （2）独自居住

如果你是自己单独住，整个空间完全属于你，那就可以更随心所欲一些。家里所有重要的角落你都可以放上你心爱的手办。比如我家，各个角落都有我喜欢的“丑娃娃”，我还在水管上摆了一个小手办，这种被自己喜欢的物品包围的感觉特别棒。

我家主卧的门没有门吸，以一个小玩偶做门挡，防止门自动关闭

水管上的“丑娃娃”，解救了这个丑丑的角落，也让这个空间充满了个人的趣味

## 小贴士

### 记得为摆件预留出未来的空间

买手办这件事儿真的会上瘾，你会不断地“买买买”，因此在规划手办摆放位置的时候，要预留出未来的空间。此外，无论什么类型的摆件，都更建议大家选择和自己有情感链接的，这样它们就不仅仅是因为好看而被摆在那里。从某种程度上来说，它们就是你家的一部分。

选择和自己有情感链接的摆件更有意义

# 第 6 节 装饰画

熟悉我的朋友都知道，我的每一套设计作品中都有画作，我自己也有一家小小的装饰画工作室。装饰画对我的设计而言具有很重要的分量，因此，本节我会多分享一些这方面的经验。

## 1　装饰画为什么如此重要

装饰画能以比较轻松的方式很好地补充和强化整个家的软装效果。想在空间里制造呼应，想要让空间充满戏剧性和反差张力，想增加空间的层次感，想强调空间的风格属性等，都可以借助装饰画来实现。你需要做的就是选对画作。

在这个复古风卫生间中，画作的颜色和墙面的颜色相呼应，画框的材质和柜体面板的材质相呼应

Faye 家的色彩非常丰富，但在这面墙上我特意选了一款黑白装饰画，颜色的冲突让这个家更有层次感，也更有格调

这个中式风家里有很多老家具，我选用的装饰画的画芯多是中国画和书法作品，以此来强调空间的风格属性

## 2　如何选择适合自己的装饰画

如果是从纯软装设计的角度出发，那么我建议业主在确定好大件家具之后再开始选画作，因为画作在空间里只是一个小色块，可以根据它和大色块（如家具）的关系来决定其颜色和内容。如果要想打造和谐一体的效果，那么可以选择大色块的近似色；如果想要制造冲突感，则可以选择大色块的反差色，这是最不容易出错的选画方式。

但就装饰画本身而言，我更认可的是：画的意义大于合适。比起一幅更适合你家的画作，一幅对你有意义的画作更应该被留在家里。比如小朋友亲手画的画、一家人的合照、旅行时的照片、自画像等，都是很好的素材；又或者当你看到某幅画时就觉得很开心，也应该把它留下来。

绰绰家客厅的这幅插画是她在英国留学时所购，这幅画承载了她留学时的回忆

业主郑坤家的姐妹俩——七月和九月都很喜欢画画，因此我选用了她们自己的画作来装饰房间

Faye 是唱片爱好者，她家墙上这张男女相拥的黑白插画是她收藏的老唱片乐谱的封面

## 3　装饰画怎么陈设

精心挑选好的画作应该如何摆放，才能最大限度地发挥它的作用呢？首先，确定画作摆放的位置。通常，家里都会有一些常规的地方用来摆放装饰画，比如沙发背景墙、走廊尽头的墙面、床头背景墙、楼梯间等，在这些地方悬挂画作一般不会出错。还有一个更简单的判断装饰画摆放位置的方法，就是当大件家具已经到位时，你站到空间里去感受，哪个位置让你觉得单调，就可以在那里陈设装饰画。其次，确定装饰画具体的摆放方式。

### （1）尺寸较大的画作直接放在地上

尺寸较大的画作可以随意摆放在地上或其他地方，营造出随意休闲的空间氛围。注意：确定你的画作不会一碰就倒，不能为了摆而摆，不然做日常清洁时会比较麻烦，小朋友也会破坏。

郑坤家这幅大尺寸的油画采用的是靠墙摆放的方式

### （2）尺寸适中的画作可以摆放在台面上

尺寸适中的画作可以摆放在台面上，也可以根据自己的喜好时不时更换画芯，让空间有一点变化。

在这个中式风家里，老式木柜的上方摆放了两幅画作，比固定在墙上显得更加随意

### （3）打造一面充满艺术感的画墙 / 照片墙

画墙或照片墙可以是随性的，也可以是整齐有序的，目的都是让画作成为空间的视觉焦点，营造出风格比较浓郁或者有秩序感的空间氛围。

业主李阳家的装饰画墙，统一选用尺寸相同的白色画框，强调的是一种秩序感

这个空间里的照片墙看似随意，却是经过业主精心摆放的，有自己的内在节奏和韵律

如果你也想在自己家里打造一面照片墙，那么可以参考我整理的这几种小众的排布方式，一定会让你的家不落俗套。

客厅画墙排布参考 1

客厅画墙排布参考 2

餐厅画墙排布参考

休闲区画墙排布参考

卧室画墙排布参考

## 4　关于艺术画收藏

大部分业主的家里悬挂的都是物美价廉的印刷品，但近几年，艺术家的真迹、独一份儿的画作，以及其他有收藏价值的画作等越来越受青睐。

如果你也想尝试收藏艺术画，那么平时可以多关注艺术家的作品，多浏览艺术网站或者拍卖网站，也可以多逛逛画展，遇到自己喜欢且价格合适的艺术画，可以先买回来，不一定非要等房子买好了再购买画作。

我家卧室的这幅装饰画来自内蒙古画家子红，画面的色彩与我家的主题色一致

这是 NOTHING DESIGN 工作室的设计作品，靠墙处摆放了一幅艺术家张涉嫌的作品，是收藏级别的艺术微喷装饰画

# 第7节 绿植

在家里养些花花草草，似乎是老年人才有的喜好，但如今喜欢绿植的年轻人也越来越多。一方面，绿植不仅能净化空气，还可以给室内空间带来自然的疗愈气息，这对生活节奏快、工作压力大的人们来说无疑是最宝贵的；另一方面，现在绿植的品种和造型变得更加多样，已成为人们美化空间的重要方式。

设计师 sweetrice 是一位绿植搭配高手，在这个空间里，她用绿植、藤编元素以及花砖打造出拥有度假感的空间氛围

## 1 适合在室内种植的绿植

并非所有的绿植都适合养在家里，只有那些对自然光照要求不高、方便打理且“颜值”高的绿植才更适合作为室内软装设计的一部分。NOTHING DESIGN 工作室非常擅长用绿植来营造空间的氛围感，下面就以他们的作品为例，来分享 12 款适合养在室内的观叶绿植。

**室内绿植图鉴**

| 名称 | 简介 | 养护指南 | 图示 |
| --- | --- | --- | --- |
| 簕竹 | 丛生，竿高可达 4 米，属于竹类，具有极高的观赏价值；自带东方韵味，比较适合用在中式、日式或侘寂风格的空间 | 光照：适当见光<br>温度：20 ~ 28℃<br>施肥：每月施肥，薄肥少施<br>浇水：土壤充分干燥后再浇水 |  |
| 千年木 | 树干小而直立，树节紧密，形如伞状，叶片细狭如剑形，叶色绚丽，株型优美 | 光照：喜光，但要避免暴晒<br>温度：16 ~ 30℃<br>施肥：每月施两次磷钾肥，冬季不施肥<br>浇水：保持土壤湿润，不能有积水 |  |
| 枫树 | 著名的赏叶盆景之一，叶色亮丽，枝序整齐，层次分明，错落有致，新枝条柔软细长，易于蟠扎造型 | 光照：喜光，但要避免暴晒<br>温度：16 ~ 30℃<br>施肥：每月施一次肥，冬季不施肥<br>浇水：土壤充分干燥后再浇水 |  |

**续表**

| 名称 | 简介 | 养护指南 | 图示 |
| --- | --- | --- | --- |
| 鱼骨令箭 | 属于仙人掌科，原产于墨西哥中南部，叶状的茎看起来像鱼骨头一样，骨骼感强烈，具有热带风情 | 光照：喜光，但要避免暴晒<br>温度：16～30℃<br>施肥：每月施一次肥，冬季不施肥<br>浇水：土壤充分干燥后再浇水 | |
| 猴尾柱 | 外形奇特，细长的白毛柱和猴子的尾巴神似，因此得名。夏秋季节开花不断，是理想的垂吊型盆栽植物 | 光照：喜光，但要避免暴晒<br>温度：16～30℃<br>施肥：每10天施一次磷钾肥，冬季不施肥<br>浇水：土壤充分干燥后再浇水 | |
| 大叶伞 | 叶子的形态像张开的雨伞，株型优美，具有良好的观赏价值。耐旱、耐阴、易养活，想要在家拥有一棵“大树”，选大叶伞就对了 | 光照：喜光，但要避免暴晒<br>温度：20～30℃<br>施肥：每20天施一次肥，冬季不施肥<br>浇水：土壤充分干燥后再浇水，夏季喷水 | |
| 十大功劳 | 全株皆可入药，在古人眼里它浑身是宝，并因此而得名。株型简约优雅，具有较高的观赏价值，摆放在中式、日式、侘寂风格的空间都很适合 | 光照：日照需求不高，散射光即可<br>温度：20～25℃<br>施肥：每20天施一次肥，冬季不施肥<br>浇水：保持土壤湿润，不能有积水 | |

**续表**

| 名称 | 简介 | 养护指南 | 图示 |
|---|---|---|---|
| 龟背竹 | 因其枝干如竹子，叶片巨大，颜色翠绿且长相奇特，像乌龟壳上的花纹，故名“龟背竹”。巨大的叶面能给空间带来生气，这也是龟背竹的魅力所在 | 光照：喜光，但要避免暴晒<br>温度：25 ~ 35℃<br>施肥：每月施两次肥，冬季不施肥<br>浇水：保持土壤湿润，不能有积水 | |
| 春羽 | 叶片巨大且富有光泽，叶柄粗长，外型独特，四季常青，同龟背竹一样，是具有旺盛生命力的高大植物 | 光照：喜光，但要避免暴晒<br>温度：25 ~ 35℃<br>施肥：每月施两次肥，冬季不施肥<br>浇水：保持土壤湿润，不能有积水 | |
| 鲜羽蔓绿绒 | 植株较小，枝叶繁茂，外型优美，有着“小天使”的别称，摆放在空间里，显得宁静优雅 | 光照：喜光，但要避免暴晒<br>温度：18 ~ 30℃<br>施肥：一周一次，冬季不施肥<br>浇水：保持土壤湿润 | |
| 蓬莱松 | 别名绣球松、水松，株高 1.5 米左右，是适合养在室内的“小松树”，自带仙气，有中式的古典韵味 | 光照：喜光，但要避免暴晒<br>温度：20 ~ 30℃<br>施肥：每月施两次肥，冬季不施肥<br>浇水：保持土壤湿润，但不能有积水 | |
| 百合竹 | 株型高挑，造型感强，虽非竹但有竹韵，气质独特，是优良的室内观叶植物 | 光照：喜散射光，但要避免暴晒<br>温度：20 ~ 28℃<br>施肥：对肥料的需求不高<br>浇水：土壤充分干燥后再浇水，适当向叶片喷水 | |

当然，再好养活的绿植也离不开主人日常悉心的呵护，比如按时浇水、定期除虫，喜阴的植物尽量避开光线直射，喜阳的植物要放在阳光充足的地方。绿植虽然很美，但我的观点是：如果你连基本的照料都做不到，则不建议购买，不能仅仅为了美而美。

北京荒野植物园，这种手工花盆适合侘寂风格或日式风格的家，能表现出淡淡的禅意

## 2 花盆的选择

绿植的“颜值”不仅与其本身有关，花盆也很重要。一款简单的绿植搭配上合适的花盆，可以瞬间提升整体的视觉效果。花盆的材质多种多样，比如陶土盆、陶瓷盆、水泥盆等，业主可以根据居室的风格来选择。

陶土花盆适用于法式田园风格空间

青花瓷花盆适用于法式风格、中式风格和东南亚风格的居室

# 3　绿植怎么摆

## （1）将绿植作为空间主角

利用不同绿植高低错落的层次感和各种有趣的小器物（比如手办、小灯具等），在阳台、露台等光照充足的位置打造出一片“小森林”。小架子、小石墩、旧家具等都跟这样的“小森林”很搭配。

设计师 sweetrice 家的“小森林”

设计师李敢家的“小森林”

### （2）将绿植作为空间点缀

在家里不同的角落摆上点睛的绿植，让空间更有层次感和灵气。在这种情况下，绿植的造型和花盆选择就很关键。另外，小花架、花盆托等也是提升绿植“颜值”的有效工具。

这是 NOTHING DESIGN 工作室的作品，在书桌上点缀一株造型感很强的绿植，搭配复古陶土盆，赋予这个充满现代感的空间自然气息

这是 NOTHING DESIGN 工作室的作品，绿植搭配书籍和摆件，让这面置物墙充满了自然气息

这是 NOTHING DESIGN 工作室的作品，沙发旁搭配了簕竹，极具东方韵味

谁说花瓶里只能插鲜花，插上干花又是另一种美

## 4　制作干花和植物标本画

如果你没有太多时间和精力照料植物，或者是个“植物杀手”，但又希望家里有一些自然的气息，那么干花和植物标本会更适合你。

### （1）干花

鲜花有鲜花的美，干花有干花的美。对我而言，干花有一种油画般的质感，比鲜花更吸引人。鲜花的保质期很短，制作成干花后能让这束花陪伴我们更长的时间。干花的制作流程也非常简单，将鲜花倒过来悬挂，自然风干即可。将风干后的花朵放在家里的任何角落，都是一幅充满油画质感的画面。小提示：干花比较脆，最好放在不易被碰到的地方。

直接倒挂，不用任何装饰也很美

将干花放进编织收纳篮里，然后挂起来

### （2）植物标本画

如果说比起娇艳的花朵，你更青睐绿色的植物，那么制作一幅植物标本，也能给家带来浓郁的自然气息，而且搭配上合适的画框，有一种复古的风味。植物标本画的制作过程也比较简单，下面就跟着我一起来制作吧。

首先，将你喜欢的绿植夹在一本比较厚的书里，只需几天你就会收获一批干燥定型的植物标本

其次，将植物标本进行分类

然后，用胶棒或好看的胶带将植物标本按照自己喜欢的排列方式粘贴在后背板上，后背板建议用白色、黑色或者类似麻布的颜色

最后，装裱起来，这样你就获得了一幅植物标本画

一幅植物标本画能给空间带来自然的气息，也能营造出复古的氛围

# 第 8 节　五金

这里的五金是指家里常见的金属配件，比如门锁、拉手、铰链、拉篮、龙头、花洒等。别以为这些小小的配件不起眼，实际上，五金做得好，也会成为空间的点睛之笔。当然，并不是所有的五金都能被人看见，比如铰链、轨道等藏在柜子里的五金，就不会太影响家里的软装效果，所以在我为业主挑选五金时有一个省钱的办法——看得见的地方，多花心思去搭配；看不见的地方，可以选用结实、耐用、平价的款式。

本节跟大家分享一些我在设计中用到的五金，希望对大家有所启发。

## 1　拉手

素色的门可以通过一个夸张的把手来强调空间的风格属性

不常见的把手材质，比如陶瓷把手，可以让你的门显得更别致，在空间软装中有点睛的作用

这是设计师 sweetrice 的作品，带金色元素的亚克力柜门把手轻盈又华丽，与复杂的柜门形成对比

这也是设计师 sweetrice 的作品，柜门上的金属拉手显得复古又精致

杨教授家的院子里有很多花，因此我特意为他的玄关柜选用了带花朵图案的拉手，使两者形成呼应

金色的贝壳把手复古又百搭

## 2 卫浴五金

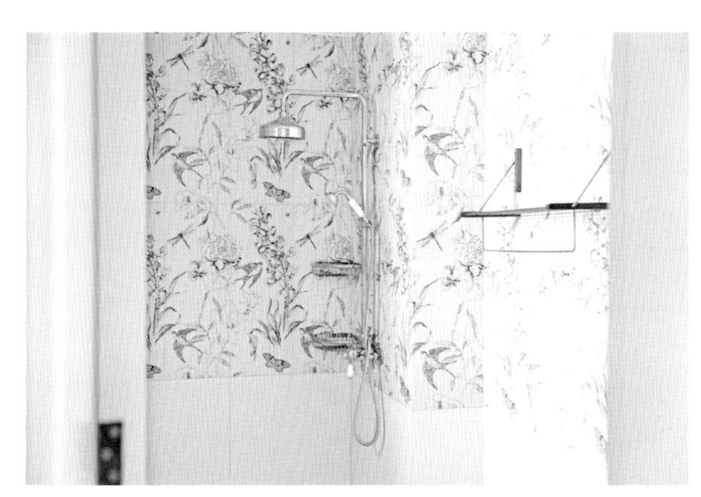

在复古风格的卫浴空间里，黄铜五金件更能凸显空间的风格属性

这是 NOTHING DESIGN 工作室的作品，在这个极简风格的卫浴空间里，亚光拉丝银色的花洒和米色的微水泥墙面很协调

# 第 9 节　开关和插座面板

和五金一样，开关和插座面板也是看似不起眼，容易被大家忽略，却会影响空间软装品质的元素。想象一下，在一个精美的法式复古风格的空间里，赫然出现两个普通的白色三孔插座，是不是很减分？其实，现在可供选择的面板样式有很多，完全可以根据家居风格选择相应的进行搭配。

我家是一个极端的例子，每个空间的面板都不一样。比如：我在客厅使用了不锈钢色面板，以便与灰色的墙面融合，打造复古工业风的质感；主卧的墙面是比客厅深两度的暖灰色，因此我选择了做旧黄铜材质的面板，斑驳的肌理感让卧室复古的感觉更加浓郁。

我家主卧进衣帽间的开关

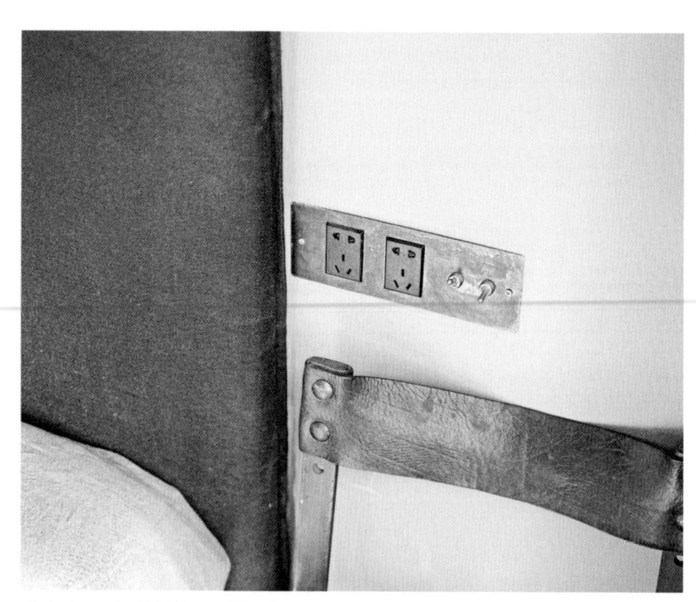

我家主卧床头的做旧开关面板

我家客厅的不锈钢色面板

次卧的整体风格会更自然一些，因此我选用了黑胡桃木色面板来搭配。这里有一个省钱的小窍门，那就是重点区域的面板精心搭配，一些不显眼的地方，选择普通的款式，比如储藏室里、收纳柜内的面板等。还有一个显高级的面板搭配技巧，那就是当一面墙上需要装好几个面板时，可以定制一个长条形的，这样看起来会更加干净整洁。

定制的长条形开关面板更显高级

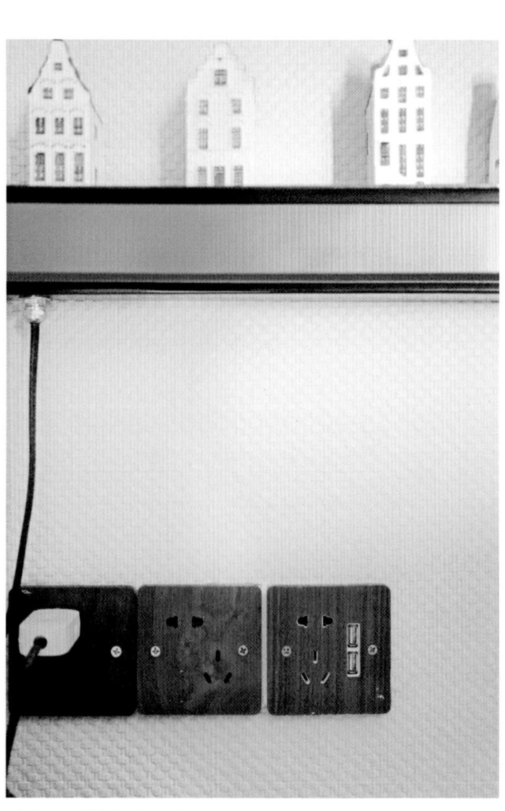

我家次卧的插座面板

**小贴士**

**建议在网上购买五金、开关和插座面板**

建议在线上购买拉手、花洒、龙头等五金，以及开关和插座面板，不仅价格便宜，而且款式也很丰富，选择的余地很大。

第 4 章

# 营造居家氛围感，别忽略了这五个细节



前一章和大家分享了家具、电器、布艺、摆件等九大软装元素，细心的读者会发现这九大元素都是我们肉眼能看到的，但软装设计不仅仅与视觉体验有关。因此，本章我将重点介绍如何通过光影、触感、气味、声音和窗景全方位提升家的氛围感和居住体验。

氛围感这个词近几年很流行，一个有“氛围感”的家，具体是什么样的呢？在丹麦文化中有一个独特的单词叫“Hygge”，指的是一种放松、舒适、满足的状态。丹麦人认为，想在家里获得这种状态，蜡烛必不可少。他们喜欢在家里点上蜡烛，并在蜡烛的造型、香味和亮度上下足功夫，以此营造温馨舒适的居家氛围。因此，丹麦人的蜡烛消费量始终居欧洲首位。

在我看来，丹麦人对蜡烛的偏爱很好地解释了什么是氛围感。点燃蜡烛的家带给我们的是视觉、嗅觉、光感等全方位的体验。因此，当我们说一个家有“氛围感”时，我们指的是这个家能给人在视觉、嗅觉、听觉、触觉上带来愉悦的体验，它是一种综合的空间感受。

丹麦电影《沉默的心》剧照

## 第1节　光影

人类想要有遮风挡雨之所，于是便建造了房子，但又割舍不了对光的依赖，于是又设计了窗户。久居其室，人类还挖掘出光的迷人之处——影。正如日本作家谷崎润一郎在《阴翳礼赞》一书中所言："被迫住在黑暗房子里的我们的祖先，不知何时在阴翳中发现了美，不久又为了增添美而利用阴翳。"那么，如何利用光和影来创造美感呢？

### 1　自然光影

先来谈谈自然光，也就是阳光。美国建筑大师路易斯·康说过，有自然光的地方才能被称为空间。居住空间并不是越明亮就越舒适，光与影的比例只有经过仔细考量，才能营造出独特的空间氛围。

#### （1）让光线和材质的肌理产生物理作用

《阴翳礼赞》中还有一句经典的话："美并不存在于物体，而在物体与物体间的阴翳与明暗之间。"这句话解释了肌理迷人的原因：有肌理感的材质表面不平滑，有凹凸感，光线打在上面会呈现出明暗效果，让肌理的细节更加明显，凸显"阴翳与明暗之间"的美。因此，想发挥家里的光线优势，可以多选用有肌理感的材质，让不同的肌理和光线产生物理作用，打造出不同的光影效果和明暗之美。

光线照在灰泥墙面（一种艺术漆）上

光线照在实木地板上

光线照在棉麻床品上

光线照在绒布沙发、玻璃花瓶和塑料收纳箱上，不同的材质肌理带给人不同的视觉感受

## （2）利用窗帘和玻璃来塑造光线的形态

### ●窗帘

窗帘不仅能遮光，还是良好的光线过滤器，能让进入室内的自然光变得更加柔和。我们可以利用窗帘的材质、款式来塑造光线的形态，比如，棉麻材质的窗帘，可以赋予光线随性自然的形态，而百叶帘则会赋予光线某种秩序感。大家可以根据自己的日常喜好去选择相应的窗帘面料。

棉麻窗帘的光影效果

从百叶帘中透出的光

### 玻璃

玻璃也是塑造光影的绝佳工具。彩色玻璃可以让照入室内的光线变得五彩斑斓，玻璃上的纹理也会赋予光更多造型。

彩色玻璃让进入室内的光也变成了彩色

玻璃的纹理赋予光影更丰富的形态

### （3）善用线条元素、绿植和镜子

#### ●藤编单椅和绿植

既然光影形成的几何线条如此迷人，那么在选购家具和摆件时，不妨多考虑带线条元素的软装单品，比如藤编单椅，它在光的照射下会形成迷人的光影线条，有助于提高空间的秩序感，营造出简单却生动的空间景致。绿植也是一位光影“大师”，其影子自然、不规则，还会随微风摆动，因此有绿植的角落格外有生命力。

藤编椅的线条以光影的形式呈现在椅面上

植物的影子打在窗帘上，形成另一种摇曳之美

光照下的鲜花和影子，让这个角落充满生命力

#### ●镜子

镜子是另一位光影“大师”，不同时段的光线扫过镜面会产生不同的反射效果，这能让人清晰地感知到时光的流逝。镜子还能有效提亮空间和放大小空间的视觉效果。

我家一角，镜子的反射不仅在视觉上放大了空间，也让角落的氛围感更强

## 2　灯具与光影

过去，家居空间中的灯光设计以实用性的基础照明为主，通常一个空间只有一盏吸顶灯或吊灯，亮是首要需求。但随着人们对居住品质要求的提升，以及专业灯光设计知识的普及，大家开始追求更舒适的光照环境，灯光也被赋予了除照明之外的其他功能，比如装饰性、突出视觉中心、营造居家氛围等。

夜晚观影时无须强光，点缀一两盏氛围灯，温馨又不影响观影体验

### （1）将高“颜值”灯具作为空间的装饰

越来越多的灯具除了具有实用功能，还有较高的“颜值”，它们不仅能提供基础照明，还是空间软装的重要组成部分，同时彰显着业主的不俗品位。因此，想要用灯光来营造美好的氛围，需从挑选一款美丽的灯具开始。

我家的花苞灯，它们在哪儿就将氛围感带到哪儿

Land 家这款纸灯和窗外海景共同营造出温馨的氛围

Dream 家的地下室，我用她英文名字的字母和壁灯营造出有趣的光影效果

我心爱的“黄金万两”灯，它亮起时说明厕所正在使用中

### （2）利用局部照明打造视觉中心

还可以利用局部照明来营造视觉重点，通过调整灯光的亮度和角度来突出某个重要物品或区域，比如墙上的艺术挂画等，以此来增加软装的层次感。

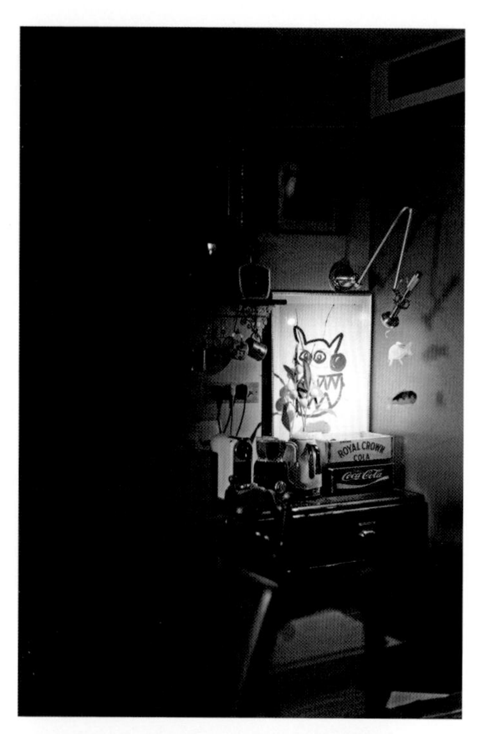


这是我很喜欢的一幅画，因此，我用一款长杆壁灯来突出它的存在

这是我之前设计的民宿，借助一盏台灯将空间中内容最丰富的角落凸显出来

### （3）运用组合照明营造空间的明暗层次

#### ●无主灯设计的优点

这几年无主灯设计越来越流行。无主灯设计，即摒弃了又大又亮的主灯，以灯带、射灯、筒灯、落地灯等多种光源的组合搭配进行照明，以满足多种场景需求。这种照明方式见光不见灯，有明有暗，能够营造出不一样的光影氛围，让整体空间更有层次感，也更显高级。

业主郑坤家通过射灯搭配落地灯的照明设计，打造出了温馨的角落

无主灯设计还有一个优点——可以切换多种照明模式，居住者可以根据自家的场景需求来随意调整。比如右图中业主小卢家的客厅就是无主灯设计，在待客、观影、阅读等不同模式下，可以变换不同的照明方式，非常灵活。

小卢家待客模式下的灯光

小卢家观影模式下的灯光

小卢家阅读模式下的灯光

### 无主灯搭配方式推荐

实际上，无主灯设计非常考验设计师的灯光设计能力。灯具没选对或者是前期布局、安装不到位，都很容易“翻车”，所以如果你真的想在家里做无主灯设计，还是建议找专业的室内设计师。当然，如果你有钻研精神，也可以尝试自己设计家里的灯光，我在此为大家整理了几种常用的无主灯搭配方式，仅供参考。

反光灯槽 + 外置射灯 + 嵌入式射灯

嵌入式灯条 + 外置射灯 + 嵌入式射灯

磁吸轨道灯 + 灯带 + 嵌入式射灯

轨道射灯 + 外置射灯

### （4）除了灯光，这些光也可以被利用起来

人工光不单单指灯光，其他类型的光也可以作为空间的辅助照明，比如壁炉的火光和香薰的烛光，这两者除了能带来光亮，还能在视觉、嗅觉、听觉上给人带来刺激。如果利用得好，营造出的氛围感会比灯光更绝。

壁炉是提升空间氛围感的一大利器

点燃香薰蜡烛，氛围感立马就出来了

# 第 2 节　触感

触感是指我们通过皮肤感受物体表面的质感和形状特征，它是一种身体感觉，可以帮助我们感知物体的硬度、粗糙度、温度、湿度等特征。那么，如何通过软装设计去提升触感，从而带来更好的空间体验呢？

## 1　不同材质能带来不同的触感

不同材质会给人带来不同的触觉体验，比如，布艺的触感柔软舒适，会带给人温暖的感觉；石材、金属的触感冰冷，通常会给人一种距离感，进而上升为奢华感；木头的触感自然温润，因此，木质元素较多的空间会让人感觉亲切舒适；皮质因为有天然纹理，会给人以亲肤的感受。

我家客厅一角，多种布艺的组合带来丰富的软装层次感

我家客厅靠墙边的实木地台，哪怕席地而坐，也不会觉得不舒服

大家可以根据自己喜好去选择相应的材质。比如我家客厅，我希望它是温暖的、有包裹感的，同时也是亲切的、自然的，因此我使用了大量的布艺元素，比如布艺沙发、地毯、抱枕等，还做了一个实木地台。

## 2　这些位置的材质选好了，家的触感就不会差

触觉通过肌肤直接影响着我们对空间的感受，因此，凡是我们肌肤会频繁接触的地方，都要格外讲究材质的舒适度，尤其是床品、沙发和地毯。

### （1）床品

床品是我们每日接触时间最长的家居用品，其质量决定卧室的舒适度，并影响我们的睡眠和健康。在布艺材质的选择上，窗帘、地毯的预算或许还可以省，但床品的预算绝对不能省，千万不要为了“颜值”而牺牲舒适度。推荐棉麻、亚麻、真丝材质的床品。

**推荐床品材质**

| 材质 | 特点 | 图示 |
|---|---|---|
| 棉质 | 亲肤性好，经济实惠，支数越高，纱线越细，面料越光滑，尽量选择纯棉材质的床品 | |
| 亚麻 | 耐磨、舒适、透气性好，夏季使用不黏腻，不易滋生真菌 | |
| 真丝 | 柔软光滑，姆米数值越高，面料越密实，密实的丝绸面料特别适合做枕套，面部贴合性好，不易有褶皱 | |

### （2）沙发

沙发是我们休闲时长时间待的地方，因此一款舒适而实用的沙发至关重要。沙发的舒适性主要取决两点：一是符合人体工学，二是拥有良好的面料材质。现在市面上有很多造型夸张的沙发，比如不锈钢沙发，虽然放在空间里很“吸睛”，但作为专业设计师，不建议业主购买，毕竟家还是用来住的，不是用来“秀”的。沙发的材质推荐真皮、绒布、羊羔绒和亚麻。

**沙发材质推荐**

| 材质 | 特点 |
| --- | --- |
| 真皮 | 亲肤，透气性好，不易损坏，易于清洁，质感高级 |
| 绒布 | 触感温暖，柔软，有一定的吸声作用，防尘、防污 |
| 羊羔绒 | 面料蓬松，有弹性，透气性和耐磨性良好，但价格偏高 |
| 亚麻 | 吸湿、透气，触感凉爽，防静电，具有非常好的抗过敏性能 |

我家客厅的单人沙发面料为绿色的亮绒布，表面如乳酪般的椅垫，让人坐上去的时候感觉非常柔软舒服

这款羊羔绒材质的单人沙发触感非常柔软

这款皮质沙发坐感舒适

这款沙发采用亚麻座面和实木框架的搭配，亲切自然，凉爽舒适

## （3）地毯

如果你在家有赤脚的习惯，那么一定要讲究地毯的材质。品质好的地毯柔软、亲肤，能为家居空间增添温馨感，赤脚踩上去的瞬间就能治愈你。特别推荐羊毛、羊毛混纺和剑麻材质的地毯。

**地毯材质推荐**

| 材质 | 特点 | 图示 |
| --- | --- | --- |
| 羊毛 | 脚感柔软，弹性佳，有保暖和吸声的作用，但价格偏贵 | （NOTHING DESIGN 工作室作品） |

**续表**

| 材质 | 特点 | 图示 |
| --- | --- | --- |
| 羊毛混纺 | 保暖，脚感柔软厚实，耐磨性良好，抗虫蛀，性价比较高 | |
| 剑麻 | 环保，经久耐用，防滑性好，能在一定程度上调节空间湿度 | （设计师 sweetrice 作品） |

## 3　老家具的独特触感

老家具或者中古家具之所以广受大家欢迎，得益于它们独特的美学工艺和斑驳的岁月感，以及精致感。其实，我们也可以从触感的角度去理解老家具的岁月感。

古玩行业有个术语叫作“包浆”（光泽），老家具的岁月感就类似“包浆”，也就是被使用过的痕迹。为什么被使用过的痕迹会如此吸引人？因为很多材质被我们接触多次后，会变得愈发亲肤，哪怕不是真的亲肤，我们的心理上也会觉得它是安全的。比如原木家具，被使用多年后，其表面的毛刺、凸起等早已被磨去，当我们再次触摸它的表面时，会觉得更加舒适。

百多年的长凳，充满了来自岁月的沧桑感

老木箱的斑驳感是岁月的痕迹

这是一架来自德国的老式钢琴，经过岁月洗礼的泛黄的琴键，充满了故事感

# 第3节 气味

气味是影响居住者空间体验的要素之一。回想一下你住过的高级酒店是不是都有专属的香味？有些人甚至因为喜欢酒店的香味而去购买同款香薰。酒店想借助这种隐晦的方式给消费者制造一个记忆点。同样，气味也可以变成家的一个记忆点。

气味之于空间，如同香水之于美女。嗅觉和视觉的结合，带给人的冲击力更强烈。想营造有氛围感的家居空间，也可以从空间的嗅觉体验，也就是气味上“做文章”。在第三章中我曾提到香薰造型美观，可作为空间的装饰性摆件，但其对家最大的作用是提升嗅觉体验。

气味可以成为家的一个记忆点

## 1　家的气味是自我的呈现

你喜欢什么样的气味，在一定程度上可以反映出你是一个怎么样的人。从我家的软装风格（到处都是绿色），读者可以大概了解到我是一个非常喜欢大自然的人。为了进一步强化这种回归自然的感觉，我家的香薰以木质香料为主（有青草和树林的味道）。这样当我回到家时，回归自然的感觉会更加强烈，空间也会有专属于我的情感记忆点。

这种带个人风格属性的香薰，建议放在客厅或者玄关。尤其是在玄关，如果摆放了个人属性比较强的香薰，那么一进门就可以感知到自己进入了专属于个人的场域。

我家的玄关柜上摆放着我喜欢的松果味的香薰

摆放在床头的香薰，要选择温和不刺激的香味，有助眠功效的薰衣草香是首选

## 2　气味可以强化空间属性

气味还可以强化空间的功能性，因此，我们可以根据空间功能选择与之匹配的味道。比如：餐厅的香薰可以选择果香类，有助于增加食欲；书房的香薰最好选择带有薄荷的香味，有助于工作或者阅读时提神醒脑；卧室里的香薰，可选择有助于睡眠的香味，比如薰衣草香；卫生间的香薰则可以选择清爽自然的香味，比如柠檬香、柑橘香，用来净化空气。

餐桌上的香薰宜选择能刺激食欲的果味香薰

## 小贴士

### 如何挑选适合自己的香薰

一、去现场闻一闻，香薰的味道带给人的感觉很难依靠一句文字的介绍来形容，建议大家购买前亲自去感受它的真实味道。

二、关注香薰的成分，建议选择天然成分的香薰，以免对我们的健康产生不利影响。

三、香薰的持久度和强度应与个人喜好以及空间特点相匹配，比如：喜欢清淡的香薰味道，可以选择持久度和强度低的产品；面积比较大的空间，则可选择持久度和强度相对高的产品。

法国某香薰品牌上海线下门店

# 第 4 节　声音

和气味一样，声音也是空间体验的组成部分。还以高级酒店为例，当我们到达酒店大堂时，不仅会闻到特别的香味，还能听到令人放松的音乐，因此会感到身心放松愉悦。在家里也可以借助声音营造出舒适的空间体验感，通过那些让我们觉得美好的声音，进一步提升家的氛围感。在家播放自己喜欢的音乐是最简单的方式。

电子音响、黑胶唱片、磁带、光盘……无论是时尚前卫的或者复古怀旧的，总有一款音乐载体适合你

那么除了音乐，还有哪些声音会让我们的家更美好呢？有些人喜欢大自然的声音，比如风声、雨声、流水声、海浪声、鸟鸣声等。有些人还喜欢柴火燃烧的声音、翻动纸张的声音、敲打木鱼的声音等。这些声音都可以与室内软装元素相结合，以视听的方式让我们的体验更有代入感。

## 1 风声

风声，特别是徐徐的微风带来的声音很迷人，大多数情况下它总是与一些美好的事物相伴，比如清新凉爽的空气等，我们在家听到微风声时会觉得宁静平和。下面的方法可以帮助我们在家更好地捕捉风声。

### （1）挂风铃

相传风铃的使用起源于唐代，当时人们把玉片挂在竹林里，根据玉片的碰撞声来判断风的方向。清脆悦耳的风铃声能让人心生安宁，在家挂一串风铃，当它叮当作响时，你将收获微风带来的凉爽与宁静。

在综合性艺术空间的院子里，我特意设计了一串风铃

### （2）挂窗纱

纱布质感轻盈，当它被吹起时，会发出轻微的声音，那一刻你便知道风来了。

飞扬的蕾丝纱帘告诉我们：风来了

### （3）在通风处养绿植

当微风吹过时，植物的叶子会发出沙沙声，相信很多人都喜欢这样的声音，因为绿植的沙沙声和大自然里风吹动树叶的声音很像，会给人一种住在森林里的美好错觉。

这是设计师 sweetrice 的作品，可以想象，当微风吹过这片室内小森林时将发出怎样美好的声音

## 2 水声

雨声、流水声、海浪声等，有很多拥趸，尤其是雨声，喜欢雨声的人甚至自称“瘾雨者”。为什么水声会让人如此着迷呢？一方面水声是一种自然的声音，能带给人平静；另一方面，水是大自然的恩赐，能滋润万物，让大地恢复生机，当我们听到水声时，会有神清气爽的感受。那么，水声爱好者如何在家里制造水的声音呢？

### （1）流水摆件

流水摆件已经是很成熟的产品，我们能在网络上买到各式各样的流水摆件，可以将其摆在台面上，也可以将其放在院子里或者阳台中。流水摆件既能增加空气湿度，还有助于我们的身体健康，对软装设计来说， 在空间中打造出潺潺的流水声，能给我们的家带来更美好的视听体验。

### （2）雨链

作为小众建筑装饰品，雨链最早来源于日式建筑，属于雨落水系统的一部分，主要用于引流雨水，使建筑免受雨水的侵蚀。雨链多为铜质，自然氧化后转为复古色，造型古朴，具有文艺气息。因此有条件的房子，比如带有小院或者开放式阳台的房子，可以挂上雨链，这样下雨的时候，“瘾雨者”们将享受一场禅意和治愈的听雨之旅。

国外艺术家创作的循环流水艺术摆件

在我设计的综合性艺术空间小土的院子里，我特意挂上了一个小的环形雨链，搭配黑色炭化木，宁静古朴，在这里听雨会更加有意境

## 3　火声

柴火“噼啪”作响的燃烧声会让你联想到什么？是不是想起了某个美好的画面：年幼时和家人一起烤火，和朋友们的某一次篝火露营，抑或是独自在壁炉前的一次阅读……很多人喜欢柴火燃烧的声音是因为它总能让我们想起某个温馨的画面，帮助我们放松身心，享受片刻的宁静。

因此有条件的话，建议大家在家里安装一个电子壁炉（真壁炉效果更好）。在壁炉跳跃的火苗和“噼啪”作响的燃烧声中，你可以和家人进行一次温馨的谈话，或和友人来一场放松的闲聊，也可以享受一段温暖惬意的独处时光。

冬天，在温暖的壁炉边上阅读，听着模拟的“噼里啪啦”的柴火燃烧声，再惬意不过了

## 第 5 节　窗景

建筑学有一个词叫作“地景建筑”，即建筑形态在历经对大地形态的回应、介入、重塑、整合之后，具有了在水平方向上延伸的大地景观的形态特征，最终达到建筑与大地形态同质的境界。简言之，就是让建筑融于自然之中。我认为不仅建筑，建筑的内部也不应该站在大自然的对立面，我们和自然的界限越模糊，获得的美好和快乐就会越多。

我设计过的家都非常注重窗景和室内的联系。每一个家的窗景都会在一定程度上影响室内设计。处理窗景的本质就是处理室内和室外的关系，处理得好，空间的体验感就会好。一般来说，处理窗景我会采用两个方式：将室外的景色尽可能拉至室内做加法和在室内做减法以突出室外。

室外的风景越美，室内的空间体验感会越好

## 1　窗外是山河湖海

如果窗外是宏大如山河湖海的风景，那么应最大限度地突出这份美景，提升空间的品质和体验感。那么，有哪些方法可以突出窗外的美景优势呢？

### （1）尽量打开空间

有条件的话尽可能保留一部分露天区域，比如不封阳台，让室外的美景离我们更近一些，也让室内和室外有融合的机会。

锅锅家主卧外面的天台，远处是大海

### （2）多用玻璃

如果没条件打开一部分空间，那么多用玻璃也能最大限度地将美景引入室内，比如大面积的玻璃窗户、玻璃房等。

这是姚姚家的客厅，超过 2.5 米高的超大落地玻璃窗让窗外的绿意最大限度地“流入”室内

### （3）在室内制造呼应

在室内制造一些和窗景相关的呼应，能够突出空间的主题。比如，窗外有一个美丽的湖泊，那么在家里某个看不到风景的角落，你可以挂一幅和湖泊有关的装饰画；再比如，窗景是一片海洋，那么你可以选择蓝色作为家的主题色，用色彩的呼应来突出房子的海景主题。

郑坤家的窗外是绿色的山景

在郑坤家的走廊，我特意用绿色作为主题色，和窗景的绿色相呼应

我的工作室外有一片湛蓝的大海

为了与这份迷人的海景呼应，我特意将墙面刷成了蓝色

#### （4）让窗景成为视觉中心

把迷人的窗景看成空间里最大的一幅画，并将其作为家的视觉重点。在这种情况下，其他软装元素就需要做减法，以免喧宾夺主。

因为窗景十分优美，在山隐小院的软装设计上我做了减法，空间里没有挂画，摆件也尽可能精减

### 2　窗外是钢筋混凝土“森林”

比起山河湖海，钢筋混凝土“森林”恐怕才是更多人窗前的风景。这时候我们需要考虑的是如何用设计去消解混凝土窗景给人带来的不适。

#### （1）用丰富的色彩和元素去消解窗景的单调感

钢筋混凝土“森林”形式单调，这样的窗景看久了，大家都会觉得乏味，更何况久居其中。我们可以用室内丰富的色彩和其他软装元素来弱化室外的乏味感。以 Faye 家为例， 她家不仅有丰富的色彩（黄色、粉色、蓝色等），还混搭了大量的软装元素（罗马柱、绿植、挂画、单椅、地毯、灯具等），很容易让人忽视她家无趣的窗景。

Faye 家的窗景与室内风格的对比

### （2）用柔和的色彩和元素去消解窗景的生硬感

钢筋混凝土“森林”线条硬朗，这样的窗景会给人一种生硬感，令人不适。可以用室内设计去消解这种生硬感，比如曲线元素、柔和的颜色、柔软的布艺等。这也是拱形元素和奶油色会如此流行的原因。Akyko 是我在深圳的一位客户，与她家窗外硬朗的线条不同，室内有很多柔和的元素，比如拱形门洞、奶油色墙面、柔软的沙发等。

Akyko 家的窗景与室内风格的对比

### （3）通过营造宁静的氛围去消解窗外的嘈杂

拥挤的钢筋混凝土“森林”会给人一种不适的嘈杂感，身居其中，宁静变得难能可贵，因此我们需要在家中营造一份“静”。这几年之所以流行侘寂风、极简风、自然风，是因为它们在一定程度上帮我们守护住了这份“静”。下图所示业主小卢家的整体氛围就非常安静，亚光的混凝土墙面搭配大量的木色元素，空间质朴安静，和窗外的拥挤嘈杂形成了鲜明的对比。

小卢家的窗景和室内风格的对比

咖啡色的铝合金百叶帘

木百叶帘

当然，对于令人不适的窗景，还有一个简单的处理方法：挡住。遮丑又好看的百叶帘就是不错的选择。

## 3 窗外有着浓浓的市井气息

如果你家窗外既没有山河湖海，又不是高楼林立，而是充满市井气息的生活区，比如老胡同、菜市场、旧民房等，那么要学会“扬长避短”。因为这类窗景既有烟火气，又很杂乱。

### （1）扬长

扬长，是将窗外治愈人心的烟火气和室内设计相融合，推荐下面三个方法：

❶ 让家尽可能地有打开的部分，比如不封阳台，让这份烟火气能流入室内；

❷ 尽量多用通透的玻璃，比如大面积窗户（窗户一定要能打开）、阳光房等；

❸ 可以选用一些老家具，以便与室外的旧形成呼应。

罗秀达设计的这个家位于北京某老胡同内，可以全部打开的横向折叠窗将胡同独有的景致最大限度地引入室内

### （2）避短

避短，是用室内的“新”和“现代感”去消解室外的“乱”和“旧”，可以从以下三个方面入手：

❶ 室内软装多强调线条、体块和质感，用具有现代感的设计手法去弱化室外的老和旧；

❷ 室内软装多强调秩序感，用室内的有序去弱化室外的无序；

❸ 通过软装搭配营造一种沉静的氛围，用室内的静去弱化室外的闹。

室内的现代感和秩序感与室外鲜活的气息形成有趣的反差

## 4　窗外有树

住在低楼层的业主可能会面临一种情况——窗外有树，这自然是极佳的窗景，我们可以通过以下方式去放大这一优势。

### （1）把窗外的树形成的窗景当成空间里的一幅“画”

为了突出这幅“画”的存在，窗户最好设计成微通风的形式，即将可为开的窗扇做到非常小，这样可以最大限度拥有大视野的玻璃，让画面更完整。另外，窗框颜色要与墙体颜色接近，以便弱化窗框的存在感。

山隐小院的另一幅“画”，为了最大限度地使窗外的树入镜，我将窗户设计成微通风的形式，只在窗户左侧有可以打开通风的极窄窗扇

### （2）将室内软装元素与室外绿植进行结合

如果窗景是满眼的绿植，那么室内软装宜多选择自然风格的元素，以便室内室外进行融合，比如棉麻材质、藤编元素、木质、天然石材等。当然，还可以在室内种植更多的绿植，比如前一章中提到的龟背竹、春羽、大叶伞等。

Dream 家窗外的绿意和她家的自然风格非常匹配，相得益彰

### （3）在临窗位置利用反射材料做文章

在临窗位置可以多利用高反射率的材质，比如玻璃、岩板、大理石等，倒映出窗外的树影，进一步放大窗景的优势。

Dream 家客厅临窗的位置有一组收纳柜，窗外的绿意与其在玻璃柜门上的倒影相映成趣

# 第 5 章 收纳的美感



收纳和软装是室内设计中的两个概念，看似不相干，实则两者有着密切的关系。合理的功能性收纳可以为软装提供更好的展示空间，否则，即使空间软装设计得再好，杂乱的环境依然会影响居室的美观度，而优秀的陈列性收纳是可以为软装空间增光添彩的。收纳做好了，家才会变得更美。本章以我家为例，和大家分享一下在家里如何做好功能性收纳和陈列性收纳。

# 第 1 节　功能性收纳

功能性收纳是指通过整理、分类和储存，将物品放置在合适的位置，从而提高空间的利用率。一个家能否保持整洁美观，关键在于是否做好了功能性收纳规划。

通常，家居空间中理想的收纳空间占比应达到 12% 以上（收纳空间占比 = 收纳投影面积 / 房屋套内面积）。比如，你家的套内面积是 100 平方米，那么至少要有 12 平方米的收纳空间。

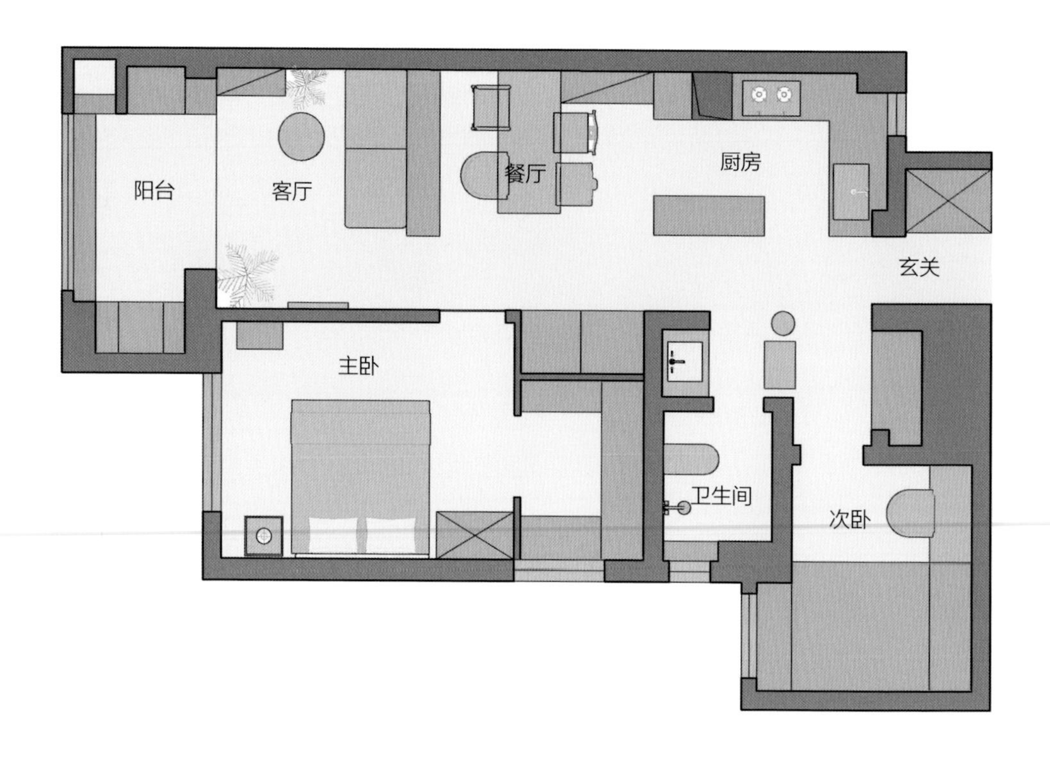


我家平面图，绿色的部分都是储物空间，收纳空间占比将近 30%

## 1　根据行为动线规划收纳空间

收纳空间要根据居住者的行为动线去规划，而不应为了收纳而收纳。一般来说，我们在家里会有下面这几条常规的行为动线：

### （1）回家后的行为动线

回家后我们会有一系列的行为：换鞋、放包、脱外套、换家居服……每个行为的背后都对应着具体的收纳需求，要根据归家动线上的每一个具体行为去设计收纳空间。以我家为例，我每天回到家后，除了换鞋、放包、挂外套外，还有摘帽子和卸配饰的行为，因此，我在玄关处还特别设置了挂帽子和配饰的空间。

我先生回家后有一个特殊的习惯——脱袜子，为此我在客厅沙发旁给他设计了一个专门放袜子的小筐。回家后他可以坐在沙发上脱下袜子，随手扔到一旁的小筐里，我们家再也没有袜子满天飞的困扰。

我家玄关，帽子下方的黑色托盘用来放我的配饰

玄关处袜子收纳

### （2）出门前的行为动线

出门前，我们也会有一系列行为，比如化妆、穿衣服、整理包包等，可以根据这些行为去规划每一个动作所需的收纳空间。比如为了方便出门前更换衣服，很多人会把衣帽间规划在玄关附近。我还发现了一个有趣的现象，有的业主会把袜子和衣服收纳在一起，放在卧室衣柜中，实际上，很多人只有临出门时才会穿上袜子，因此把袜子的收纳空间规划在玄关可能会更便捷。

### （3）起床后的行为动线

早上起床后，我们也会有一系列的行为：洗漱、喝水、吃早餐、喝咖啡……有的人还有阅读或者运动的习惯。如果你希望起床后能便捷地喝到水，那么可以在卧室规划出放置饮水机和杯子的位置，或者在客厅规划一个茶水柜，这样不用进厨房也能喝水。

早上起床后，我会先挑选好当天的衣服，而我的衣帽间就规划在卧室旁，非常便捷

### （4）睡觉前的行为动线

睡觉之前，我们会卸妆、洗漱、洗澡、护肤，每个行为背后都需要规划相应的收纳空间。比如，洗完澡，需要有存放脏衣服的收纳空间；如果护肤流程比较复杂，则需要用梳妆台来收纳护肤用品。如果睡前还有别的行为，比如阅读、吃药等，则要规划好书籍和药品的收纳空间。

晚上睡觉前，我需要简单护肤，因此在卧室里放了一个小小的梳妆台

## 2　根据家务需求规划收纳空间

家居空间还有一个收纳重点，就是和家务相关的收纳。家务工具和家用清洁品种类繁多，摆在明面上肯定不美观，因此，不仅要做好这些物品的收纳，还要保证好拿好用，以减轻我们的家务负担。

### （1）洗衣区收纳

洗衣堪称第一重要家务，它不仅涉及洗，还有晾、烘、叠等动作，因此做好洗衣区的收纳规划很关键。我家有两个洗衣区，分别是常规洗衣区和内衣洗衣区。两个洗衣区的洗衣机和烘干机都藏在柜体内，我就近规划了洗涤用品的收纳位置，方便随手取用。

常规洗衣区

内衣洗衣区

### （2）家政柜 / 家政区收纳

现在的家务工具越来越多，比如扫地机器人、吸尘器、洗地机、擦窗机等。清洁用品也越来越多：洗衣液、消毒液、柔顺剂、地板清洁剂、除霉剂……因此，人们对家政区的需求也越来越大。我家面积小，没有规划专门的家政柜，但在我设计过的家里，家政柜一般会被规划在家中的“交通枢纽”处。无论你去哪个房间做家务，拿取工具和清洁用品都是最短路线，能有效提高家务效率。

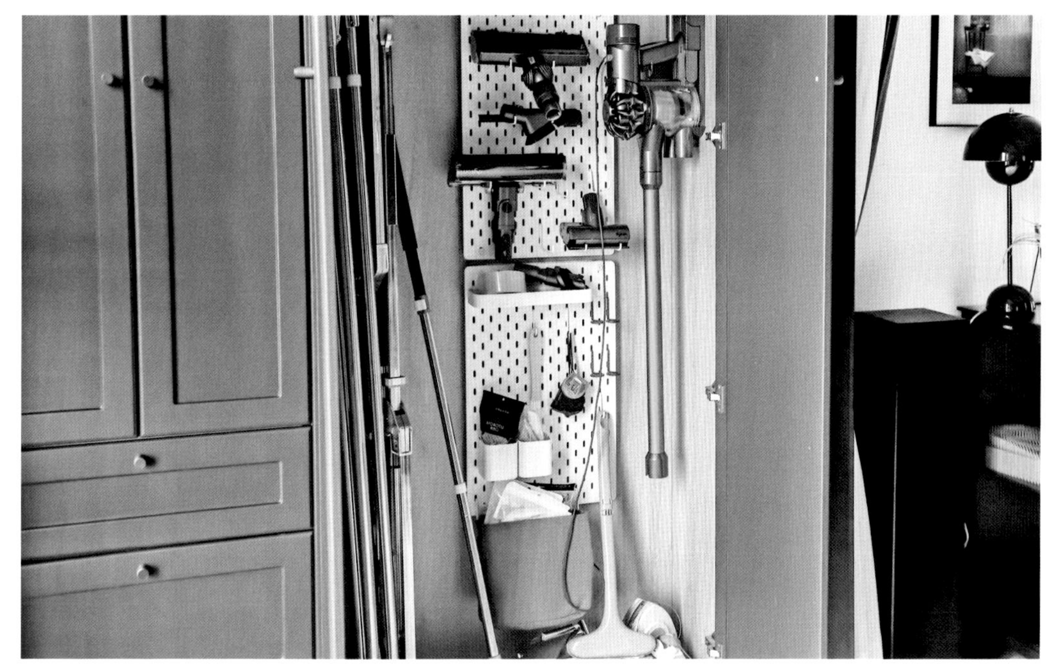

业主夏佩佩家的家政柜

## 3 分区收纳和集中收纳

我们家里始终充斥着大量的物品，可能是日常用品、囤积物品，也可能是使用频率不高的物件。关于物品收纳，我建议将分区收纳和集中收纳相结合。

### （1）分区收纳

从平面规划上来讲，每个房间都应有相应的功能收纳空间。比如：玄关要有储物柜，放置外出穿的衣物、鞋子；厨房要有橱柜，放置碗碟、小电器；卧室要有衣柜，储存衣服、被褥。就近收纳，方便日常取用。

厨房用品和杂物被我收纳进烟道旁的高柜内，上半部分有抽拉板，用来存放盘子、碗，以及厨房小家电，下半部分则用来存放较重的锅具、米面

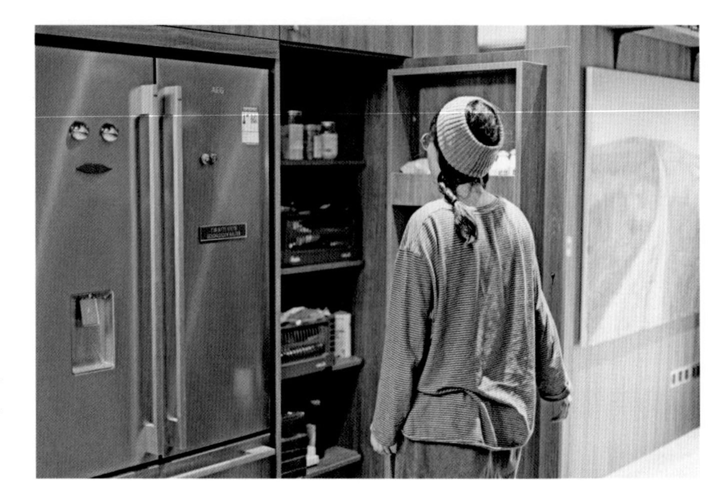

我在冰箱附近规划了零食柜，每次购物回来，需要冷藏的零食放入冰箱，无须冷藏的零食则放入零食柜，收纳起来非常方便

### （2）集中收纳

将分散在不同地方的物品统一放置在特定位置，比如，在家规划一个储物间或者一组顶天立地的收纳柜，将家庭的大件物品都集中于此，日常使用非常方便。最近几年流行的“800 库”就是典型的集中收纳区，普通柜子的进深一般为 600 毫米，“800 库”的进深则是 800 毫米，多出来的空间方便收纳婴儿车、折叠自行车等大件物品。

这是七巧天工室内设计工作室的作品，设计师在入户门右侧规划了一个储物间，用来集中收纳家里的大件物品

## 第 2 节　陈列性收纳

比之功能性收纳，陈列性收纳则更侧重于物品的装饰性，以提升空间的视觉效果，当然也要方便日常使用。

### 1　哪些物品适合做陈列性收纳

建议大家先把家中这三类物品找出来：喜欢的物品、经常用到的物品、好看且跟空间风格相搭的物品。喜欢的物品当然要摆在明面上，这样每天看到它就会很开心。经常用到的物品也不适合藏起来，摆在明处才方便随时使用。好看的物品更无须多说了，摆出来才不辜负它的“颜值”。

这些悬挂收纳的杯子是我每天都会用到的物品，因此我没有把它们收纳进橱柜里

这是我收藏的动物骨骼，我买了一个玻璃罩加在上面，有一种精致又原始的美感

墙上的这些迷你家具模型全是我的心爱之物

## 2 如何做陈列性收纳

选好了需要陈列的物品，接下来如何做陈列性收纳呢？下面推荐一些实用的收纳工具和收纳方法。

### （1）在搁板上摆一切

搁板是最适合做陈列性收纳的工具，它充分利用了垂直空间，你想陈列出来的物品都可以摆在搁板上。另外，还可以在搁板的材质和细节上做文章，让它和你的空间更匹配。

黑色的金属钢板更好地突出了搁板上的中古物件

这款搁板是我亲自做的，金属支架、木头搁板和金属挂杆形成材质的反差

### （2）巧用高“颜值”收纳工具

我们日常使用的一些杂物，有时候直接摆在明面上不够美观，给它们搭配一个高“颜值”的收纳工具，比如小收纳袋、收纳箱等，就能很好地解决这个问题。

牛皮纸收纳袋用于收纳桌面上的小物件，有助于维持桌面的美观

我家茶水柜上的这款复古收纳箱，主要用来收纳茶包和桌面小工具

### （3）善用悬挂式收纳

我还喜欢一种收纳方式，就是将收纳物挂起来。这种收纳方式不占空间，非常适合小户型。当物品被挂起来后，有一种灵动之美，取用也很方便。

厨房的一些小工具，我会挂起来，不但拿取方便，还卫生

朋友送的鲜花，我也会挂起来

日常使用的杯具，我也喜欢挂起来

第 6 章

# 如何给家拍出好看的照片



好看、高“颜值”的家会激发人拍照的欲望，本章我就来跟大家分享一下如何给家拍出好看的照片。家是展现自我的舞台，一个好看、舒适的家值得用照片记录下来，而一张张美照记录下的不仅仅是家的某个画面，更是让人心动的瞬间以及这个瞬间所代表的生活方式。所以，请拿起你的手机或相机，记录下你的家和生活。

## 第1节　拍照不“翻车”的六大构图法

空间摄影其实是一件很专业的事，涉及复杂的专业知识和拍摄道具，这也是为什么设计师完成一个家的装修后通常会请专业的空间摄影师来拍摄“竣工照”。但这并不是本节谈论的重点，我觉得对于普通的居住者而言，用相机或者手机给家拍照，更多的是记录当下的生活和心情，因此只要照片能传递出家的故事感足就够了，而不必对整个家去做专业的影像记录。

基于此，我建议大家去尝试拍一些家里的小景，不需要借助特别专业的道具，你也可以“以小见大”地传递出你家与众不同的氛围。下面我给大家整理了一些拍照的经典构图法，简单易懂，“小白”也能轻松上手。

### 1　三角构图法

三角构图法是利用画面中的若干景物，按照三角形的结构进行构图拍摄，是最常见的拍摄构图法之一。当画面中的物体呈三角形时，会显得均衡又不失灵活性，无论是斜三角还是倒三角都可以，大场景或者小角落都适用。

三角构图法示意

## 2　中心构图法

中心构图法是将被拍摄的物体放在画面的中间而进行拍摄的一种手法。和三角构图法不同，中心构图法要求画面均衡稳定，上下左右对称，这样做的优点是可以极大地烘托出画面中心的主体，让你想表达的内容更加一目了然。可以用来拍摄大场景，也适用于拍摄你心爱的小摆件或者家居好物。

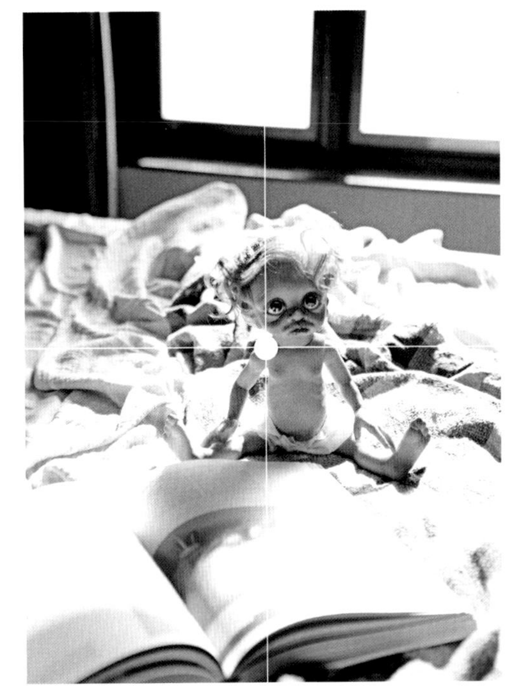

中心构图法示意

## 3　对角线构图法

对角线构图法是指物体在画幅两对角的连线上，是一种导向性很强的构图形式。对角线构图告别了中心构图的单一性，又通过有序的线条让画面更有动感和延伸感，同时赋予空间一定的想象力。对角线不限于直线，也可以是曲线，只要整体延伸方向与画面对角线方向接近，就可以视为对角线构图。

对角线构图法示意

## 4　留白构图法

留白也是一种构图方法，在画面上做减法，留下更多的想象空间，让照片充满意境，非常容易营造出氛围感。

留白构图法示意

## 5　三分线构图法

三分线构图法也就是九宫格构图法，通过网格线将画面均等地分成横竖三分，把画面的主体放在等分线相交的四个点的任意一点上，这样不仅主体更突出，画面的整体关系也显得灵活、不呆板，无论是拍摄场景还是静物都很显高级。

三分线构图法示意

## 6 前景构图法

前景构图法是利用离镜头最近的景物进行遮挡，从而表现画面虚实和远近关系的构图手段。在家居空间拍摄中，可以通过给画面的主体提供虚化的前景，比如植物、鲜花、摆件、家具、墙体等，以此突出主体，增强画面的层次感和形式美。

前景构图法示意 1

前景构图法示意 2

## 第 2 节 这些软装单品拍好了，家超有氛围感

除了掌握一些基本的摄影构图方法，利用家里的软装单品，比如绿植、镜子、书籍、装饰画等，也能拍出很有氛围感的家。下面推荐一些我拍照时经常用到的软装元素，只要画面里有了它们，氛围感分分钟被拉满。

### 1 绿植

绿植充满灵气，富有生命力，只要有了它，画面立马就能“活”起来。绿植通常易被搬动，拍照时可以很便捷地将它当作前景或是背景，是优化构图和营造氛围的小能手。

这是我的好朋友——室内设计师王冰洁。拍照时将绿植作为背景，使整个画面鲜活又有氛围感

## 2 镜子

镜子里永远有别处的风景，当画面中出现镜子时，我们拍摄到的其实是两个空间：一个是画面里的空间，另一个是镜子[illegible]间。多重空间能带来奇妙的视觉感受，也会让画面[illegible]次感和故事性。

镜子映出绿植的影像，如此拍摄让这个角落的氛围感翻倍

书籍总能给画面增添一抹文艺气息

## 3 书籍

书籍自带文艺气息，特别是封面有设计感的书，拍摄时可以把它当作镜头里的一幅画，随意摆放或者摞起来，再搭配其他摆件，也可以借助它形成三角构图，让画面充满艺术感。

## 4 装饰画

装饰画和图书一样，能让家充满艺术气息。有时装饰画的艺术感更强烈一些，尤其是将画作作为镜头画面的背景时，会给人一种美术馆的既视感。

画墙入镜，我家的这个角落仿佛美术馆的一角

## 5 氛围灯

氛围灯，尤其是可移动的光源，比如可移动的酒精壁炉、小台灯、小蜡烛等，可以让空间氛围变得温馨柔和，是非常好用的拍照“神器”。

一抹灯光温柔一方天地

## 6 托盘

托盘是我非常喜欢拍的家居摆件，小小的托盘可以收纳一些每日都会使用的琐碎物品，比如水杯、遥控器、护手霜、钥匙等。我们也可以通过托盘内摆放的物品去提升视觉美感和进行表达自我。

用拍摄托盘的方式以小见大，展现个人的审美趣味

## 7 地毯

从色彩上来看，地毯可以简单分为两类：一类是纯色地毯，当它入镜的时候，就像是一块干净的画布，能够很好地突出画布上的物体，比如茶几、沙发、宠物等；另一类是我家这种复古花色地毯，有它入镜的照片，居室风格会更加浓郁鲜明。

我家的地毯抢镜，也上镜

阳光洒落在纯色的棉麻地毯上

## 小贴士

### 让照片更好看的拍摄技巧

一、在白天光线充足的时候拍照，比如上午 10 点到下午 4 点。

二、不要浪费美丽的夕阳，如果你家有西晒，那千万不要浪费美丽的夕阳，它是绝佳的拍照滤镜。

三、善于利用晚上的氛围灯来捕捉温柔的时刻，注意拍照时要简化光源，留一两盏氛围灯即可，避免光线方向杂乱。

四、镜头要平稳， 如果有倾斜，则画面会畸变，不仅不美观，还会增加后期修图的工作量。

五、优先推荐拍中小景，大场景的拍摄对相机和构图的要求较高，因此建议选取有特色的中小景进行拍摄，更容易出片。

杂志入镜

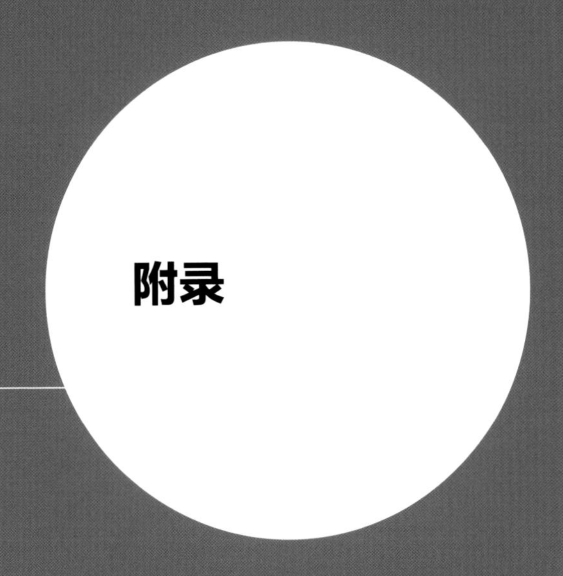

# 附录



在附录中，首先我想跟大家分享一下自己对家居风格的看法——不要一开始就将家限定于某种风格，而要先厘清自己的居住需求和审美喜好。其次给大家推荐一些我在设计中经常会用到的百搭软装单品，比如单人沙发、灯具、收纳工具等，希望你可以从中获得更多搭配灵感。

# 附录 1　我的家居风格观

本书最后我想和大家讨论一个词——风格。一般来说，我们开始装修时首先会想到确定风格："我想要法式风格的家""我想装修成新中式风格的""我喜欢极简风"……但在这本书里我却把风格放在了最后，我想表达的是：不要一开始就将自己的家限定于某种风格。

## 1　你喜欢的风格不一定真正适合你

回想一下你第一次为某种风格心动的原因，是因为在网上看到某位家居博主家的美丽照片，还是参观了邻居、朋友漂亮的新家？很多时候我们是被家的"颜值"吸引的，或是在不知不觉中跟随了当下主流的审美风格。

这就会出现一个问题：让你心动的风格不一定真的适合你。比如，这两年非常流行的极简风，虽然高级感满满的网图让你很心动，但真正住进去之后，你就会发现过多的线条和造型容易磕碰到孩子，到处乱扔的玩具让极简风"少即是多"的高级感消失殆尽……

我和 Faye 坐在她那个丰富多彩的客厅里，她的家很难用某种风格来概括，但足够舒适，令人身心放松

业主 Land 的家，他喜欢收藏古玩，也喜欢干净明亮的家居氛围

## 2 实际的居住风格几乎都是混搭的

我设计过 200 多个家，可以负责任地告诉大家：实际的居住风格几乎都是混搭的。在法式风格的家里出现一些中式的元素毫不违和；在复古风格的空间中也会出现很多充满现代感的家具、摆件，这也实属正常。软装是流动的（动态发展），十年前你喜欢的东西，十年后你可能就不喜欢了，让你住在十年前流行的美式风格的家里，你还会继续喜欢吗？

如果过分执着于把家打造成某种风格，会在一定程度上禁锢家的可能性，也会束缚你的真性情，随着时间的流逝你的喜欢也会日渐消弭。

业主郑坤和她的两个孩子在客厅，整体是轻复古风格

## 3 与其一开始就确定风格，不如先厘清自己的居住需求和审美喜好

我写这本书的目的是希望大家能够摒弃一些教条，打造真正属于自己的理想家。因此，比起一开始就确定某种家居风格，我更建议大家先厘清自己真实的居住需求和审美喜好。在我看来，软装搭配不仅是打造一个漂亮的房间，更是自我梳理、自我对话的过程。基于此去设计和进行软装搭配，你将得到一个专属于自己的家。

Dream 家客厅，不受限于某种风格，住起来足够舒适

# 附录 2　百搭软装单品推荐

## 1　花苞灯

我家这款花苞灯在本书中出镜了很多次，它不仅造型可爱，色彩也很丰富。推荐大家购买小号充电款，放在家的任何角落都十分抢眼。

## 2　单人沙发

KARIMOKU60 这款单人沙发的尺寸比普通沙发要小巧一些，因此更显灵活，坐感也很舒适。沙发的颜色是苔藓的绿色，让人有亲近自然的感觉。

花苞灯

单人沙发

## 3　大理石茶几

大理石台面的纹理细腻自然，搭配不锈钢材质的框架，有复古摩登之感。这款茶几尺寸不大，使用灵活度高，也方便日常清洁大理石台面。

大理石茶几

## 4　复古折叠收纳篮

比起常见的白色收纳筐，我更喜欢右图这种类型的收纳篮，它可以灵活收纳各种物品，还可以叠放，兼具实用功能和复古美感，而且颜色多样。

复古折叠收纳篮

## 5 金属边柜

右图这款金属边柜非常经典，不仅质感好，颜色也很丰富。我家这个是不锈钢色的，有着浓郁的工业复古气息，和我家的风格很搭。

金属边柜

## 6 组合收纳箱

右图这款收纳箱外形类似工具箱，自带酷感，比较灵活，可分开使用，各个抽屉的高度不同，可按需收纳不同的物品，而且下柜带轮子，方便移动。

组合收纳箱

## 7 隐形式悬浮书架

下图这款隐形式悬浮书架可以实现完全悬浮的效果，自带科技感，而且价格实惠，性价比极高。

隐形式悬浮书架

## 8　衣帽架

右图中的顶天立地的衣帽架简约大气，细节的质感也很好，各部分的配件可以根据居住者的使用习惯灵活安装。

衣帽架

## 9　厨房复古收纳架

下图这款高“颜值”厨房复古收纳架比较小众，可以利用垂直空间进行收纳，挂上厨房小工具后，让空间充满烟火气。

厨房复古收纳架

## 10　衣帽架

下图这款造型复古的衣帽架，是壁挂形式的，可以充分利用垂直空间进行收纳，灵活度比较高，细节的质感也很好。

衣帽架

## 11 不锈钢复古开关面板

下图这款不锈钢复古开关面板来自某国产品牌，他们家的开关面板款式很多，可以搭配各种家居风格，而且质感也很好，还可以定制。

复古开关面板

## 12 衣柜

下图中的衣柜造型古朴，因为用的是香樟木，所以有特殊的香味。该品牌对木头的处理很用心，尽量保持材质原有的肌理，这是非常打动我的一点。

衣柜

## 13 户外露营灯

左图中的露营灯原本是用于户外的，放在室内也很百搭，造型颇具工业风，自带酷感。

户外露营灯

## 14 氛围壁灯

南灯记是一家国内的原创灯具品牌，他们家的灯具颇有设计感，而且性价比较高。我家这款氛围壁灯还可以作为搁板使用，一物多用。

氛围壁灯

## 15 户外电气灯

下图这款户外电气灯使用灵活度很高，既可作为氛围灯，又能作为桌面的装饰摆件，业主可以根据心情随意更换灯罩，很好地满足了现代人的精神需求。

户外电气灯

## 16 金鱼吊饰

非常推荐大家在家里挂一个这种动态平衡的空中吊饰。我们在家走动时会带来些轻微的风，吊饰会跟着动起来，非常有趣。

日本手工金鱼吊饰